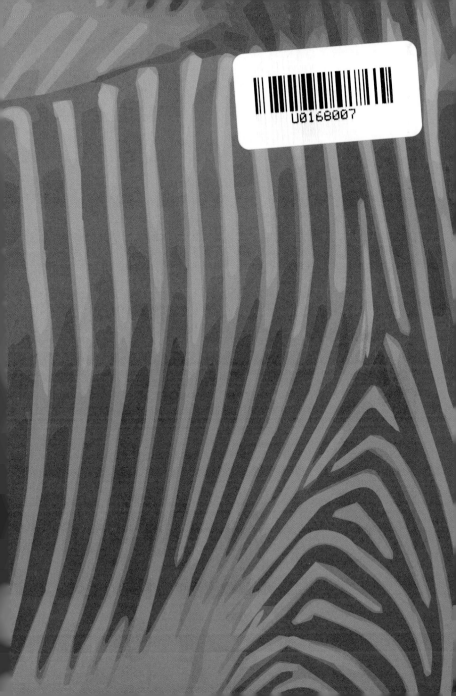

U0168007

献给

中国脊椎动物学奠基人
寿振黄先生（1899~1964）

中国鸟类学奠基人
郑作新先生（1906~1998）

以及

我们的父母

作者简介

吴海峰 Hai-Feng WU　北京林业大学硕士，曾就职于《中国国家地理》杂志社《博物》杂志；曾多次在国内外带队开展野外科考体验活动，已深入非洲 30 余次。E-mail: 953031760@qq.com

张劲硕 Jin-Shuo ZHANG　中国科学院动物研究所博士，国家动物博物馆馆长、研究馆员、研究员；曾多次在央视直播《东非野生动物大迁徙》，已深入非洲 20 次。E-mail: zhangjs@ioz.ac.cn

东非野生动物手册

ZW Field Guide to the Wildlife
of East Africa

吴海峰 张劲硕 编著

图书在版编目（CIP）数据

东非野生动物手册 / 吴海峰，张劲硕编著． -- 北京：中国大百科全书出版社，2021.3
ISBN 978-7-5202-0834-5

Ⅰ．①东… Ⅱ．①吴… ②张… Ⅲ．①野生动物 - 东非 - 手册 Ⅳ．① Q958.542-62

中国版本图书馆 CIP 数据核字（2021）第 042209 号

编 著 者：吴海峰　　张劲硕
摄影作者：吴海峰　　张劲硕　等

策 划 人：杨　振
统筹编辑：应世澄
责任编辑：吴　琴
美术编辑：邹流昊　　孙　怡

东非野生动物手册
中国大百科全书出版社出版发行
（北京阜成门北大街 17 号 邮编 100037）
http：// www.ecph.com.cn
新华书店经销
北京华联印刷有限公司印制
开本：787 毫米 ×1092 毫米 1/32　印张：13⅞
2021 年 3 月第 1 版　2024 年 10 月第 2 次印刷
ISBN 978-7-5202-0834-5
定价：138.00 元

目录

汪序

忆 35 年前的两则非洲的逸事

汪松先生，生于 1933 年，中国科学院动物研究所研究员，曾任中华人民共和国濒危物种科学委员会常务副主任，国际生物科学联合会中国全国委员会主席，国际自然保护联盟理事会理事，中国生物多样性研究与保护的倡导者、领导者之一。

张劲硕博士和他的合作者吴海峰要出版一本《东非野生动物手册》，请我为之写序。我对非洲野生动物没有研究，这给我着实出了个难题。为此我想了好久未能动笔。

非洲我最早是 1983 年去的。记得那时，我和三位同事到非洲的博茨瓦纳出席《濒危野生动植物种国际贸易公约》第四次成员国大会。一天傍晚，我们在一家餐馆吃饭。我发现不远处的河边，有一个当地的儿童，一边望着河边的水禽，一边对着手里拿着的一本书。我出于好奇，走近一看，原来他是在看图识鸟啊！我当即联想到，国内动物园时常看到小孩子对着动物做一些不友好的行为，他们的家长无动于衷，真是差距啊！

还是在博茨瓦纳，一位驻该国某单位的司机，用弹弓打伤了一只漂亮的小鸟，把它养在鸟笼里。这在那个年代的我国，完全不是个问题。可是在博茨瓦纳则不然。没想到有一天这件事被当地的人发现了，他们向他提出了抗议。他本人深受教育，感触很深。尽管那时候这个国家还很穷，在其最好的假日酒店里举办这场大型国际会议，会场只是一个特大的帐篷，然而他们的野生动物保护理念和法规却相当前卫。时隔 35 年，我国还不曾承办过一次该公约的缔约方大会呢！

后来我知道，博茨瓦纳同南非、纳米比亚和津巴布韦四国是非洲野生动物保护做得最好的国家。非洲国家有些在历史上十分贫穷，我们也许都看到过骨瘦如柴的非洲孩子的报道，但是没有听说过在非洲大草原上动用现代化装备大规模捕杀野生动物的报道，也没有听说为了发展传统医药，野生动植物受到极大的威胁而濒临绝灭的情况。相反，听说的却是非洲的穿山甲因为同我国的穿山甲是近亲而受到"株连"，其生存已岌岌可危！

其实，我国对非洲野生动物从本底调查到志书的编写出版，再到保护、管理、研究、教育、科普、国际交流等各方面，都很有基础。回想当年，我们中国科学院动物研究所在前辈寿振黄教授的带领下，兽类研究从其20世纪50年代初创建之日始，起点就很高，立足于全国乃至全球。由此，即便在那种艰难的时代，研究所也不惜花费巨资选购非洲兽类的志书。到了我受命负责选购书刊时，还继承了这一理念。国外重要的书刊包括非洲的哺乳动物书刊，即使在最艰难的时期也没有中断。前辈科学家治学理念高瞻远瞩，现在看来真是难能可贵！

如今改革开放40年了。随着经济发展和国际交往的扩展，我国同非洲国家的经济、贸易、文化往来日益频繁。过去陌生的非洲，也已经是我国海外旅游的热点地区了。除了已有的西文书刊外，出版一些有关非洲的动植物和自然地理的通俗读物，显得十分必要及及时。

在中非交流合作发展过程中，我们应注意学习经验，参与非洲野生动物和生物多样性保护。我们不但要在国内提倡生态文明，也要在国外做野生动物保护的卫士。张劲硕博士和吴海峰二位这本手册的出版来得及时，对于推动广大读者进一步了解东非，赴非洲从事经贸和旅游观光，很有实用价值，也必然有利于非洲野生动物的保护事业！非洲野生动物保护从理念到实践很多方面都很先进，值得我们认真学习！

2018年11月

刘序

野外手册对于复兴博物学极为重要

刘华杰先生，生于 1966 年，北京大学哲学系教授，北京大学科学史与科学哲学研究中心教授，博士生导师，博物学文化研究者，复兴博物学倡导者。

这是一部展示非洲动物之优美，提供最基础知识的简洁读物。正如书名所示，它是一本与非洲野生动物相关的野外手册（不一定只在野外看）。

我非常赞同本书弁言中的一段话："'野外手册'这类图书是最重要的博物学读物和最基本的工具书，一直以来属于博物学类图书的畅销出版单元。欧美大型书店，这类图书都设有专架销售，即使一般书店也可找寻到这类书籍。"

有些人存有偏见，以为图鉴、手册不是创新性科学成果，因而不重要。其实它们真的非常重要，要复兴博物学，必须先解决这个认识上的问题。

中国与日本、美国、英国、法国社会文化发展水平上的差距，相当程度上就表现于这样的细节中。在那些国家中，实用博物学极为发达，博物图书又多又便宜（印数大）。发达国家中，每个省、州、郡、县等都有自己的地方性蘑菇手册、鸟类手册、鱼类手册、野花手册、昆虫手册，某个公民若明天打算启动自己的某项自然爱好，可以方便地找到相关实用手册，立即使用。地方性手册的一个好处是，收录物种不至于太多，便于初学者使用。中国知识分子经常抱怨百姓不大关心生物多样性，觉悟不高，是否想过自己为百姓做点实事，在用洋文于外国发表高影响因子的 SCI、EI 论文之余，也为纳税的无知百姓写点通俗读物？如果百姓根本分不清周围的基本草木，怎么知道该保护哪个，该小心哪个？

因此，我非常看重这部书。借助中国人编写的这部手册，我们能够亲切地感受非洲大地。非洲在哪儿？东非动物在哪儿？在地球上，没错，不过我想说的不是这个。

非洲在媒介中！东非大裂谷我只在当年的地质学课程中碰到过。

非洲在遥远的地方，可是多数人不可能如本书作者张劲硕 18 次到非洲，吴海峰 12 次到非洲。大多数人像我一样，从来没有机会涉足非洲大地，只通过媒体了解了一点非洲，比如中央电视台的《动物世界》，电影《走出非洲》和《上帝也疯狂》，以及史怀哲的《敬畏生命》、海明威的《非洲的青山》、毕淑敏的《非洲三万里》、哈金森的《一名博物学家在南非》。

"媒介即世界"虽然片面，却也是事实。中国人在非洲做了什么？到过非洲的人为暂时无法出国的中国人了解非洲做了什么？不细想想，还真不清楚。中国作家、科学家关于非洲向中国百姓描述些什么？在媒介如此发达的今天，从电视、图书、因特网上能够看到许多鲜活的非洲画面，大部分是外国人做的。坦率地说，我并不十分计较哪位媒介人士在哪里做了什么，但不能不在乎国人对地球各个角落自然物、景观、生态、生活方式的了解。

这几天我在准备武汉黄鹤楼的讲座《洪堡的自然世界与知识帝国》，再次想到国人对世界的认知这个老问题。我们了解别人吗？了解的程度跟中国作为世界第二大经济体的地位相称吗？我们对非洲、对"一带一路"倡议所涉及的沿线国家了解吗？对与我们接壤的国家了解吗？有人说许多中国人在那里啊。在那里做什么？我在意的不是开饭馆、单纯旅行和购物，而是对那片土地、山河、生活世界认认真真地考察、研究。也许，我们会立即等来一句："我们自己的还没搞清楚呢！"没错，我们对我们自己的家底研究得也很不够，需要扎扎实实做。远和近，不一定必然矛盾，两者可以相辅相成。中国人这么多，学者这么多，也可以适当分工。对家园认识得较清楚，有了基础，到了远方新工作也容易展开；反过来，更多地了解世界各地的情况，才可以做出有效的对比，也才可以深刻地理解、评估自身。大地构造与成矿、植物地理、栽培植物的起源、人类的迁徙、人类语言的多样性等研究，都需要全球视野。

武尔夫的传记《创造自然》（The Invention of Nature）述说的是 1780 年到 1880 年之间的事情，两百多年前西方国家博物学家、探险家做的事情。提醒注意的是，传记作者武尔夫的书名没有用常识意义上的"发现"（discovery），她用的是"发明"（invention），其间的差异需要细心品味。听到不同于看到，看到不同于理解，理解不同于关联，关联不同于影响。由发现到发明的谱系，反映的是人与世界的认知、互动。

关于科学史、文明、博物学、博物馆，劲硕和我其实早就交流过意见，谈得不多，但我们的观点惊人地相似。中国人必须亲自走出去，也应当收集和展示全球的实物，不能仅仅借助他人的媒介间接了解世界，自然博物馆的展品也不能主要靠洋人捐献（如美国慈善家肯尼斯·尤金·贝林向中国一批博物馆的捐献）。要像重视极地考察一样重视对各大洲、各地区的考察，要像收集革命历史文物一般收集整个地球的自然物。中国至今没有国家自然博物馆，要不要建一个？没有国家自然博物馆的国家不是有文化的国家，第二大经济体没有国家自然博物馆简直不可思议。相信国家层面已有人做了通盘考虑，此时我主要关心的是如何推动民间踏勘世界，以及国内中小型标本馆如何通过藏品交换而缓慢积累馆藏。现在缺的不是金钱和信息，而是视野、品位和舆论导向。

这部书看起来简单，然而积累材料、鉴定物种、精心设计等并非容易之事。下决心做这件事就不容易。

就科研量化考核而论，这类手册很难算硬成果，不能与期刊论文相比。但是，它是为丰富人民群体的文化生活所做的实事，也是推进科学研究必经的阶段，这类手册对于多领域的学者也同样有参考价值。比如商务印书馆 2018 年推出的《中国常见植物野外识别手册·北京册》质量上乘，必将实质性地推动北京或华北地区野生植物的辨识，对这类图书的出版也将起到示范作用。

劲硕是新成长起来的有全球视野并具有非人类中心论倾向的科学传播者的杰出代表。劲硕精力旺盛，动物学专业基础扎实，平时大量阅读科学与人文书刊，足迹遍布全球，频繁出露于电视台、科技馆、博物馆、学校的讲坛，并参与制作一些有趣的自然类节目。受到劲硕启发、鼓励、影响的人不计其数。

在百忙中，劲硕也承担了许多科普图书的翻译、审订工作，比如最近他主持翻译的《DK 博物大百科：自然界的视觉盛宴》就非常有价值。而本书又是一种新的探索形式。它虽然形式相对简单，但是能够满足当下中国人的需要。此书界面友好，字数不多，信息却比较齐全。比如对于每个物种，有标准化的中文名，还配了汉语拼音（这个很有必要，动物学界喜欢使用一些生僻字，普通人可能读不准）、拉丁名和英文名。从此汉语读者多了一种"媒介"，透过它人们能够更好地了解远方的动物、遥远的世界。感谢两位作者做出了重要贡献，也希望更多人向他们学习，写写世界其他地方的动植物，丰富人们的日常生活，也让人们增长见识。

动植物的名字是钥匙，在网络时代尤其重要。学名（scientific name），即科学上采用的名字，全世界通用。对于某一物种，只有一个学名，即符合命名法规的拉丁名。博物学界、科学界关于分类、命名的研究，经历了漫长的演化，现在动物学界与植物学界已经分道扬镳。前者有《国际动物命名法规》，后者有《国际藻类、菌物和植物命名法规》，但是关于双名制的基本思想还是相通的。就某一种、亚种或变种，学名写出来，形式上也差不多。动物学界，做了简化，去掉了"sub sp."和"var."之类表示亚种和变种的小词。

关于双名制命名法（简称双名法），也顺便讲一下我个人对一些中文出版物相关表述的意见。种名、物种名、与种相关的名、种加词、种本名等，要分得清晰一点，不能乱叫。

在现代意义上，物种名（the name of a species）即种名，指一个组合，而不是其某一个部分。在林奈时代并不是这样，那时种名是用一堆词来描述的，林奈对双名制命名法虽然做出了决定性的贡献，但他的作品中并没有展示现在人们经常看到的双名书写形式。在其1753年出版的《植物种志》中，排版处于页面外侧位置的"种小词"与属名合在一起组成的二元集合，才是后来的种名。林奈的种名由多个（不是两个）拉丁词构成，并且不包含属名在内。在今日，就不能再以林奈时代的语言来叙述双名制命名法了。现在双名制命名法强调的是"两个词"，而不是"两个名字"。

《国际动物命名法规》第5.1款中有这样一句："The scientific name of a species, and not of a taxon of any other rank, is a combination of two names (a binomen), the first being the generic name and the second being the specific name." 这句话字面意思似乎是：种并且只在种这个分类层级上，学名要求是一种双名组合，前者为属名，后者为种名。熟悉一点科学史的人，读起来觉得很别扭，在这里"种名"的说法很随意，这番叙述并不符合双名制命名法的基本精神。"种"在西方文化中有特别含义，在分类层级中也处于非常特殊的地位，达尔文1859年的名著《种的起源》（中文常叫作《物种起源》）之书名对于当时的西方人是非常刺激的：种还有起源？双名制命名法的要义是用一个组合整体上来指称"种"的名字。"界门纲目科属种"中只有"种"享受这个非同寻常的待遇，双名制命名法要确保种名理论上唯一。此唯一性针对的是组合整体，不是其部分。如果此种组合中的一个部分可以妄称种名，那不乱套了？非常可惜的是，在当下的汉语世界和英语世界中，这种胡乱称谓随处可见。

把责任都推到英译汉过程中的失误，似乎也不公平，毕竟英文表达"specific name"就很含糊。但因为英文版的《国际动物命名法规》白纸黑字摆在那里，也找不出很好的反驳理由。此法规第 87 款规定英文版与法文版法规具有同等效力，但现实操作中出现歧义一般以法文版为准，若还不能解决问题可以通过国际动物命名委员会（ICZN）给出最终解释。那么法文版与英文版表述上有出入吗？还真有！法文的描述更精确。法文版法规对双名制命名法中组合的两部分称谓是非常讲究的、合理的。第一部分叫"le nom générique"（属名）。第二部分叫"l'épithète spécifique"，字面意思是"与种相关的修饰词"，译成汉语的意思是"种加词"或"种本名""本种词""本种名"。但不能译成"种名"，因为那样的话容易造成混淆。法文版法规中这一用法不是偶尔为之而是一贯的。在第 5 款和第 6 款中接下来的几句中，又出现"épithète spécifique"字样，并多次出现"épithète subspécifique"（亚种加词）字样。查看英文版，相应地都没有准确展示出来。

小结一下便是，在双名制命名法中，第一部分是属名，第二部分是种加词（或叫种本名）。对于亚种，还有第三部分，第三部分叫亚种加词。

在一篇序言中可能没必要扯这些。不过，序者，虚也。最近经常给朋友的博物书写序，这也是我愿意效力的，但写多了就有问题，总不能车轱辘话来回说吧。

序不重要，是一种装饰或者歪曲，图书的内容才重要。感谢劲硕的信任！

祝本书的读者非洲博物之旅快乐！

2018 年 11 月 20 日初稿

2018 年 12 月 05 日修订

弁言

张劲硕

非洲这片大陆，从亘古以来，创造出地球上独一无二的面孔——乞力马扎罗山是母亲的鼻梁，她的白净和挺立，展现着一种自然的高贵和傲骨；东非大裂谷是一道乳沟，人类的祖先在她甘甜乳汁的哺育下茁壮成长；尼罗河是一行激动的泪水，虽流入地中海，却好似从其中涌出，讲述着人类文明孕育的全过程……

非洲这片大陆，还勾勒出地球上无与伦比的色彩——稀树大草原跟别的绿色不一样，她不断变化，时而油绿，时而米黄；一望无垠的撒哈拉大沙漠让地球母亲不再只有单调的蓝色和绿色，而是平添了一抹金黄，干旱和贫瘠只是缘于我们的无知和片面；她还给予了地球母亲更多的湿润和富庶，中非热带雨林和星罗棋布的湖泊是母亲肌肤最重要的保湿因子……

非洲这片大陆，更是孕育出地球上最多彩的生命——威猛而胆怯的狮子，庞大而弱小的大象，慵懒而凶残的河马……我们万万不可只见其表，不顾其内，而非洲的动物恰恰帮助我们重新认识这个世界，也教给我们不仅需要观察表象、又要明辨机理的思维方式，从而让我们重新审视人类自己。

第一次踏上非洲大地

我曾经和大多数人的感受是一样的，非洲这片大陆既熟悉又陌生。从儿时观看的《动物世界》到各种非洲探险故事，从博物馆的非洲动物标本展览到电视台直播的《东非野生动物大迁徙》，我们有各种各样的渠道去了解非洲。

当 2014 年暑假，我的朋友刘灿华女士邀我去肯尼亚的时候，我仍然处于一种抵触和犹豫的情绪中，觉得非洲我已经非常熟悉了，为什么要花那么多钱去那里看动物呢？！而且，说来有趣，我在 2012 年和 2013 年两度担任中央电视台新闻频道、中文国际频道和英语频道共同直播的《东非野生动物大迁徙》特别节目的嘉宾；在直播的时候，我也算侃侃而谈，好多人以为我去过非洲，非常了解非洲。其实，那个时候我根本没有去过。

央视直播以后，前往东非观赏野生动物大迁徙的国人骤增。刘女士也正是受了直播的影响邀请我去看动物，并且约上另一个家庭，一同前往肯尼亚。

但当我第一次踏上非洲的那一刻起，我又觉得对她太为陌生！我们是从首都内罗毕乘坐低空飞行的小飞机到达马赛马拉大草原的。当飞机接近目的地的时候，我从高空俯视壮观的角马群，才意识到几十万的角马真的不算什么，因为东非稀树草原太辽阔了，在飞机上鸟瞰这片大地，角马也只像小蚂蚁一样在那里爬行。

当飞机停稳，打开舱门，我感到我的心倏地飞到了天边。草原一望无垠，与天空交接在一起，而且只有草没有树，视野没有任何羁绊。而飞机周围全是角马和斑马，机场就是动物的草场，是我们闯入了它们的家园。

我终于深刻地体会了在电视上看纪录片和在野外直接观察动物是完全不一样的感受。这次旅行对我影响深远，我知道我是离不开东非，离不开非洲了。

第二次踏上肯尼亚的土地是在 2014 年国庆节，我和本书的合作者吴海峰先生一同为思问网带队，从此一发而不可收。至 2017 年底，我在三年的时间里去了 16 次非洲，算上 2018 年和 2019 年春节各一次，我一共去了 18 次非洲。除了肯尼亚，我还去过坦桑尼亚、南非、塞舌尔和马达加斯加等国。

访问的次数越多，越觉得在非洲动物面前，我是无知和渺小的。每一次前往非洲，对我而言都有新鲜感。我想去看望我的野生动物朋友们。在马赛马拉，我见证了狮群的壮大、角马的迁移；在奥肯耶，我目睹了猎豹英雄母亲抚育孩子的经过；在纳库鲁，火烈鸟时多时少，总在不断变化着……其实，在野外工作，最大的乐趣就是每天都有新鲜事，每天即使你观察同一种，甚至同一只动物，都会和昨天的情况不一样，都会有你意想不到的新发现。

中非合作与友谊，我们可以有所为

我国与非洲各国同属发展中国家，有着相似的命运，经历过殖民地或半殖民地时期，同样也面临着发展以及由此带来的各种问题和任务。众所周知，中华人民共和国成立之后，我国与非洲各国建立起外交关系，经过不同的历史时期形成了历久弥坚的友好、互信关系。近些年，我国与非洲的各项合作不断增多，例如蒙内铁路以及多条公路的建设。2013 年 3 月，习近平当选中国国家主席后的首次出访，就选择了非洲三国，加之"一带一路"倡议、中非合作论坛等，都极大地推动了中非友谊长足发展。

2014 年 5 月，国务院总理李克强在访肯期间强调，中国政府愿为肯尼亚提升野生动物保护能力建设提供力所能及的帮助，开展对肯尼亚野生动物保护援助。2015 年 9 月，习近平主席访美期间，与美国总统达成协议，共同打击非法野生动物贸易，并首次公开承诺停止象牙贸易；2017 年底，我国全面禁止象牙贸易。2018 年 9 月，在中非合作论坛北京峰会上，习主席承诺为非洲实施 50 个绿色发展和生态环保援助项目，重点加强应对气候变化、海洋合作、荒漠化防治、野生动物和植物保护等方面的交流合作……这些为中非共同保护野生动物等方面奠定了政治基础。

在科学、文化领域，我们也在不断加强合作。中国科学院成立了中－非联合研究中心，对非洲的生物多样性保护与利用、生态与环境、资源遥感、微生物与流行病控制，以及现代农业等方面，开展深入研究。据我所知，我们中科院动物所、植物所等很多研究组也在开展对非洲野生动植物的分类、区系研究。譬如，《肯尼亚植物志》（Flora of Kenya）正在编纂中，该书将收录肯尼亚 8000 余种植物，约 20 卷，未来 10~15 年内全部完成；而一些普及性的野外识别手册也在陆续出版。我个人也有幸参与了原国家林业局组织开展的对肯尼亚野生动物保护方面的调研工作，以及与南非青年保护学者、环境学者的科学文化交流活动，等等。

与此同时，随着中国老百姓生活水平的不断提高，前往非洲，特别是肯尼亚、南非等国的旅游人数每年剧增。2012 年，中国赴肯尼亚的游客数量为 4.12 万；2017 年，则达到了 6.9 万；未来一两年内该人数将突破 10 万。我们可以想象，这么多的游客之中，绝大多数都会观看非洲野生动物。

正是在这样的历史背景之下，我和海峰一直有个共同愿望，出版一本《东非野生动物手册》，可以作为前往东非观看野生动物大迁徙或者前往东非旅游的一部实用的工具书。

"野外手册"这类图书是最重要的博物学读物和最基本的工具书，一直以来属于博物学类图书的畅销出版单元。欧美大型书店，这类图书都设有专架销售，即使一般书店也可寻到这类书籍。当今，中国的博物类图书出版也是如火如荼。已出版的《中国鸟类野外手册》和《中国兽类野外手册》非常实用，影响了很多人。我和海峰也受益于这些"野外手册"。

我们认为，在享受大自然和野生动物带给我们快乐的同时，我们也应该做些有意义的事情来回馈给非洲以及非洲的朋友们。

这本小册子由我俩共同策划和撰写，在没有得到任何项目经费支持的条件下，我们初步完成了它。我们希望可以为中非的合作与友谊做一点点事情。我们难以忘怀带我们开车Safari的兄弟们！当年我们的司机朋友阿波罗（Apollo）让我为他的英文原版的野外手册上的每种动物标注汉语拼音，以便他学习非洲动物的中文名称，这样他好讲给他的中国游客。这一幕我仍记忆犹新！我想我们在本书标注汉语拼音，就是对非洲野外向导的一个小小的帮助吧！

致谢师友与同仁

首先，我很庆幸的是我在博士毕业之后选择了科普作为自己的本职工作，国家动物博物馆给了我这么好的平台，我们可以通过科学普及、科学传播将保护野生动物的理念传递出去。国家动物博物馆有机会组织或与其他机构合作开展了大量野外科考体验活动，其中包括去肯尼亚、塞舌尔等非洲国家。

因此，我必须感谢中科院动物研究所、国家动物博物馆领导对我的理解、支持与帮助。李志毅书记、苗鸿书记和聂常虹书记等三任书记作为我的主管所领导长期以来给予了我足够多的信任和支持！我还要感谢时任所长周琪院士（现为中国科学院副院长）、副所长兼馆长乔格侠教授、第一任展示馆馆长黄乘明教授、第二任展示馆馆长孙忻先生、标本馆馆长陈军教授，以及曾经共同带队前往肯尼亚的贾陈喜博士、范洪敏女士等人。孙忻先生还认真审校本书，提出修改意见。

其次，我必须感谢我们曾经合作的机构：思问网和中国夏令营协会。我很难忘和史军博士、姚永嘉先生（半只土豆）、虞骏先生（Steed）、胡卓佳女士、段玉佩先生一同带队的情形，在旅行中的磨砺最能承载更久远的友情。感谢夏令营协会于莉女士、张丹女士和我们早年非常愉快的合作。我们合作过的地接旅行社的导游李明祖先生、姜丽女士也对我们帮助良多。

这两年，我有机会与《博物》杂志、"自然圈"合作，继续为一些机构带队前往肯尼亚。《博物》运营中心总经理郭亦城先生、"自然圈"创始人赵超先生给予我诚挚的邀请，使我前往非洲的机会频繁。没有这些机构对我的信任，就不会成就我这么多次的博物旅行。

最要感谢的则是本书的另一位作者、我的合作伙伴吴海峰先生。海峰在他上大学二年级的时候即与我结识，彼时他是国家动物博物馆的志愿者，很早参与了我馆很多科普活动，包括广西崇左白头叶猴国家级自然保护区的科考体验活动等。他的帅气、认真、耐心赢得了不少小粉丝，他对野生动物的热爱，对知识的渴求，对博物学启蒙教育的独到想法，使我越来越欣赏他，并邀请他作为专家前往过非洲5次。而海峰现在《博物》杂志工作，专职负责博物旅行，仅2019年暑假就在肯尼亚工作近两个月。

我们很希望去非洲看野生动物的人们不再只看一眼"非洲五霸"（狮、豹、象、犀、非洲水牛），或只看看角马过河，而是可以认识、识别更多的非洲动物物种。所以，当我们逐渐积累了一些经验，掌握了一些知识，拍摄了一些照片之后，我们决定动笔，出版一本中国人自己编写的中国以外的野生动物识别手册。

这个设想几乎是在我第一次去非洲的时候就有的，然而付诸行动对我而言实在是太难了。各种杂事纠缠，时间似流水般飞逝，三四年过去了，我竟然一直没有实质性进展，尽管早就联系了中国大百科全书出版社，并列入该社的出版计划。

最终这件事落在了海峰的头上。可以说，这本书绝大部分的文字以及很多图片都是他完成的，我只是负责了一点儿微不足道的校对、少许几个物种的撰写、提供了一些照片而已。倘若亲爱的读者们，你们发现了错误，那责任自然由我承担；倘若大家买了这本书，觉得差强人意，我会感到十分欣慰，功劳应归于吴海峰。

一部野外手册，物种鉴定的准确性必须得到保证。研究非洲兽类的著名学者、澳大利亚国立大学David Happold教授，两栖爬行动物学者、中山大学博士生齐硕先生襄助辨识个别物种；在此一并致谢。

我还要感谢何长欢博士，他两次协助我带队讲解，我们共同撰写了一些文章，完成了若干讲座。我也难以忘怀好友王曦女士在奈瓦沙湖畔对我的照顾，陪伴崴脚的我在水边冷敷，而未能到新月岛上游览；而那次肯尼亚之旅的后半程则是海峰背着我，直到回国。当然，必须致谢中国大百科全书出版社的诸位编辑老师：武丹女士、杨振先生、应世澄女士、吴琴女士以及邹流昊先生，没有他们的努力，就不会有本书之付梓。

复兴博物学的倡导者刘华杰教授，著名旅行家、《非洲十年》作者梁子女士，常年在肯尼亚从事野生动物保护工作的卓强（星巴）先生，中国野生动物保护协会副秘书长郭立新女士、尹峰处长和原总工程师宋慧刚先生，我的博士生导师、著名动物学家和探险家张树义教授，以及德高望重的著名保护生物学家汪松教授等诸位先生，都对我前往非洲提出过很多建议和意见，以及诸多鼓励。

最后还要感谢为本书撰写推荐语的著名鸟类学家何芬奇先生，著名主持人王雪纯女士、刘思伽女士、著名旅行家梁子女士。诸位老师鸿笔丽藻，为拙作增色添彩，不胜感激!

每一次非洲的野外活动，不仅仅是一次旅行，还是一次真正的科学考察或博物学的探究。希望这本书对大家的旅行或者探究有一点点帮助，我和海峰会感到无比的欣慰。希望从东非回到祖国的朋友们，可以把你们的经历与他人分享，把我们共同的经验和理念传递下去；希望用我们的行动参与到中国，乃至世界的野生动物保护工作中去!

于国家动物博物馆

2018 年 09 月 07 日初稿

2018 年 11 月 12 日二稿

2019 年 09 月 11 日三稿

或许"好事多磨"是对自己的一种安慰。本书即将付梓之时，恰逢百年不遇的新型冠状病毒疫情，这对本书的出版是一个致命的打击。我们无法正常出行，更别说前往非洲看野生动物了。如此一来，我们宁可推迟出版。这段时间来，出版社编辑们又对书稿做了悉心加工，特别是邹流昊先生对图片进行了大量的调色和调版；天津博物绘画师刘东先生绘制了动物形态图；海峰和我又对文字做了修改与补充，还替换了一些图片；我们通过国际鹤类基金会 Jim Harris 先生、苏立英博士，联系到了 96 岁高龄的中国台湾著名摄影家吴绍同先生，为我们提供了黑冠鹤照片，但不幸的是，Harris 先生和吴先生先后驾鹤西去，未能看到本书的出版；此外，赵超、何鑫、孙忻、贾亦飞、范洪敏、汤鹏翔、卓强（星巴）、关翔宇等先生慷慨解囊，补充了照片，在此一并致谢! 我们希望呈现给读者们的是一本尽可能令人满意的著作，但由于水平有限，错误疏漏在所难免，请广大读者批评指正!

2021 年 2 月 28 日补记

使用说明

一本好的野外手册，能够让使用者条理清晰而便捷地在书中查找到眼前不认识的物种是什么，并了解其基本的生活史。但由于使用者知识背景的差异，使用手册的效率也会有高有低。因此为了让使用者快速地上手、科学地使用本手册，我们在后面几页中，对本书涉及的物种及生态学知识进行简要的介绍和说明。书中收录的动物类群按照哺乳纲、鸟纲、爬行纲和两栖纲的顺序编排，物种个体按照系统发育的亲缘关系和进化关系来排序。本书介绍了东非地区常见野生动物 40 目 105 科 383 种，约占东非陆生脊椎动物总数的 19%。

1. 分类系统与名称拟定

体形和外观是人们对动物最直观而朴素的认识，但只识其相貌而不知其名称，很难对动物背后的知识进行深入检索，也很难和其他人交流。由于文化背景的差异，即使都在汉语区，不同地区的人也会给同一个物种拟定不同的名称，更何况还有其他语言。这会给人们之间的交流带来不少困难。因此，统一、规范的名称是必不可少的。

瑞典生物学家卡尔·林奈于 1753 年提出了双名法，即以拉丁文或拉丁化的语言为物种拟定属名和种本名（亦称种加词），这一方法沿用至今。拉丁文是一种已经不再被"说"的语言，人们给每个物种贴以与其他物种不同的标签，这些标签被所有人接受，一般也不再改变。

属名和种本名不只是物种的名称这么简单，还体现了这一物种的分类地位。但实际上，随着系统解剖学的日益完善、生物地理学思想的广泛应用，以及分子生物学技术的大量使用，人们对物种的认知也是逐渐加深的，对物种的分类地位也是逐渐趋于"正确""科学"的。因此，种、属，甚至是目、科级别的调整也时有发生。但物种的学名，在一定程度上讲，仍然具有很强的稳定性。

恩格斯曾指出：没有物种概念，整个科学便都没有了。但实际上，人类对动物的最基本的分类单元——物种的概念也没有达成统一的观点，普遍的共识可能也不能准确描述实际情况。例如，有些观点将角马拆分为白尾角马和黑尾角马两个物种，另有观点进一步将黑尾角马拆分成了 4 个独立的物种。也许有人会质疑，这些物种现存的差异可能并不足以将其划分为独立的有效种，但假以时日，随着基因和文化差异的累积与交流的减少，这些类群终将分化成不同的物种。而另外被广泛接受的观点是，普通鸵鸟和索马里鸵鸟，因东非大裂谷的阻隔，于大约 200 万年前彼此分离，并演化成了今天两个不同的物种。

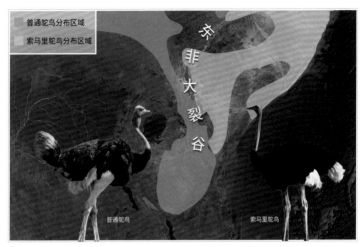

普通鸵鸟分布区域
索马里鸵鸟分布区域
东非大裂谷
普通鸵鸟
索马里鸵鸟

当然，生物的系统发育过程可能并不是简单地一分为二，有些类群之间分道扬镳的过程人类至今也仍然没有研究得很清楚，不同派别和研究者的观点也有所差别。我们参考最新的科研文献，以及经典分类学的资料，确定了各个类群之间的系统发育关系及物种划分情况。

但随着观察、监测的手段和能力的提升，人们发现一些新的物种；随着基因的深入研究，一些物种分类地位或许发生了改变，一些亚种提升为独立的物种。这就出现了一些物种暂时没有对应的中文正规名的情况，因此我们根据国际命名法规、中文命名规则及这一物种所属类群、学名、分布等信息，为其拟定了适当的中文名。鸟类部分主要参考《世界鸟类名称》（郑作新，1986，2002）及《世界鸟类分类与分布名录》（郑光美，2002）为本书中鸟类指定中文名，例如本书中的阿比西尼亚鸫原为橄榄鸫的阿比西尼亚亚种，独立成种之后我们将其中文名拟定为阿比西尼亚鸫；哺乳动物及两栖爬行动物的名称则分别参考《哺乳动物分类名录》（谭邦杰，1992）、《世界哺乳动物名典》（汪松等，2001）及《拉汉英两栖爬行动物名称》（赵尔宓等，1993）。新物种中文名的拟定也遵照上述原则，例如汤氏犬羚曾为犬羚的汤普森亚种，独立成种之后我们将其中文名拟定为汤氏犬羚。

物种中文名确定之后，我们还加注了汉语拼音，一是为了对生僻字进行标注，便于国内读者识记；二是使外国人，特别是当地导游和司机识记，便于国内旅游者到达东非后与当地人交流。物种的英文名，则参考了各个类群的权威资料，给出了最为常用的 1 ~ 4 个英文名。

2. 形态描述

当看到一只不认识的动物，甚至只是看到一只动物而还没有看清它的具体样貌时，人们总是不禁会问：这是什么？如果被问的人是我，而且我和提问者就在一起的话，有些时候我能够迅速地做出反应，看清并识别出动物个体的种类；有些时候，当我转过头时动物已消失；还有些时候，我根本不在提问者身边。因此诸如"这是什么"之类的问题，在很大程度上是无效的。如果手边有一本图鉴，而且它图片特征清晰、形态描述文字全面而扼要的话，提问者只需稍加训练即可自己回答"这是什么"的问题。但遗憾的是，若要识别东非常见野生动物的话，国内市面上没有这样的图鉴，这也是本书撰写的缘起。

动物个体的形态描述具有一定规则，例如先描述身体大小及体形，以便对其所属类群进行大致判断；其次描述其大致体色及细节颜色，特别是最具特点的部分，以及与相似物种相区别的特征。动物个体的形态描述一般为较典型的鉴别特征，身体特征参数一般标注数值范围或均值，其中雌雄差异较大者，分别描述特征或分别标注数值。但不同类群的动物，具体的描述方法略有差别，下面我们将分别讨论。

2.1. 哺乳纲

本书中描述哺乳纲动物身体特征的参数较多，包括体长、头体长、头骨长、肩高、尾长、角长、前臂长、后足长、翼展、体重等。其中体长指站立时，吻端至臀端的长度；尾长指尾伸展时，基部至端部的长度；肩高指站立时，肩部最高处距地面的高度；角长指有蹄类角的曲线长度；前臂长指蝙蝠前臂的长度。

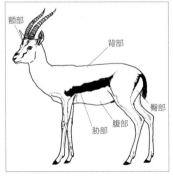

2.2. 鸟纲

本书中鸟类的量度包括身高、体长等。其中体长是指标本腹面朝上平铺时，喙端至尾端的长度。另有少数尾羽特长的物种，也给出了尾羽的长度数据。

俗话说，麻雀虽小五脏俱全。鸟类身体的不同部位，也都有专门的名称指代，包括上体、下体、胁部、臀部、腰部、眼周、颈环、嘴甲、虹膜、飞羽、翼镜等。

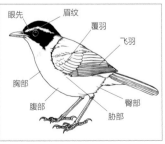

2.3. 爬行纲和两栖纲

本书中爬行纲和两栖纲动物的量度包括体长、体重等。另有少数物种给出了孵化时体长和成年后体长的数据。

3. 特征介绍

3.1. 分布

每个个体都有其特定的活动区域，在一定时限内该物种所有个体活动区的总和，大致就是这种动物的分布区。有些物种分布范围广泛，甚至横跨多个国家、多个大陆或多个区系，而另外一些物种的分布范围则局限在一个很小的区域内，甚至是某一地区或某一国家的特有种。

3.2. 生境

在某一物种的分布区内，并非每个角落都生活着这一物种，因为并非到处都是这一物种或种群所偏好的生境。例如：普通斑马广泛分布于非洲东部至南部地区，但常见于草原等生境；河马广泛分布于撒哈拉以南的非洲大部分地区，但仅出没于河流及湖沼之中及周边。只有在野生动物偏好的生境中，才会有最大的遇见概率。

3.3. 食谱

知晓某种动物的食性，不仅局限于了解这种动物吃什么，也有助于理解它们是如何适应环境的。与相近物种对比之后，还能比较出二者食物生态位的差别，即两个物种如何在相近的生境中避免食物竞争。还可以结合物种的身体结构、生活习性及分布区的不同，来理解它们的形成、分化和适应机制。

3.4. 保护状况

世界自然保护联盟（International Union for Conservation of Nature），简称 IUCN，自 20 世纪 60 年代起开始编制全球范围内的《濒危物种红皮书》（Red Data Book），并逐渐发展成为现今的《世界自然保护联盟受胁物种红色名录》（IUCN Red List of Threatened Species，简称《IUCN 红色名录》）。《IUCN 红色名录》按濒危程度逐渐降低的顺序，将物种划分成如下 9 个等级：灭绝（Extinct，EX）、野外灭绝（Extinct in the Wild，EW）、极危（Critically Endangered，CR）、濒危（Endangered，EN）、易危（Vulnerable，VU）、近危（Near Threatened，NT）、无危（Least Concern，LC）、数据缺乏（Data Deficient，DD）及未予评估（Not Evaluated，NE）。某一物种在一定时间内的灭绝概率，是判定该物种的濒危等级的标准，具体的评估指标包括物种种群的下降速率、分布面积的大小、种群数量的预计下降速率、成熟个体数量以及预计灭绝概率等定量的标准。

然而，《IUCN 红色名录》不是国际法或国家法，对于濒危物种的贸易，特别是国际贸易不具约束力。因此，IUCN 于 1964 年草拟了第一稿《濒危野生动植物种国际贸易公约》，1973 年有 21 个国家的代表在美国首都华盛顿召开的会议上签署了《濒危野生动植物种国际贸易公约》（Convention on International Trade in Endangered Species of Wild Fauna and Flora，简称 CITES，又称"华盛顿公约"）。该公约于 1975 年 7 月 1 日起正式生效，列入附录的 1100 多个物种与当时《IUCN 红色名录》中的物种基本一致；时至今日，CITES 已有 183 个缔约方，附录中收录了 3 万多个物种。

被列入 CITES 附录的物种，有三个等级：受到和可能受到贸易的影响而有灭绝风险的物种（附录Ⅰ），目前未频临灭绝但若对其贸易不加以严格管理就有可能出现灭绝风险的物种（附录Ⅱ），或需要被管理以防止或限制开发利用的物种（附录Ⅲ）。被列入附录的物种，其活体、尸体（整体）、身体的某一部分或衍生品都将受到保护。携带附录物种，将受到公约缔约国（出口国及进口国）的管制，甚至会受到法律的制裁。中国及东非五国均为 CITES 缔约国。因此，请大家不要携带象牙、犀牛角、豹骨、珊瑚等违反当地法律或国际公约的物品，以及容易产生误会的生物制品出入境。

本书中被《IUCN 红色名录》收录的物种，均标注级别，如 VU、NT、LC 等；被列入 CITES 附录的物种，均标注等级，如附录Ⅰ、附录Ⅱ等。

4. 去哪里看最酷的野生动物

东非，地处非洲大陆东部，东临印度洋。狭义的东非指肯尼亚、坦桑尼亚、乌干达、卢旺达及布隆迪等五国，广义的东非还包括周边的数个国家。东非海拔变化极大，从东部印度洋沿海一路爬升至非洲最高峰乞力马扎罗山基博峰的 5895 米，继续向西穿过维多利亚湖抵达热带雨林，可以看到由海拔梯度及复杂地貌主导的诸多不同的景观。

4.1. 分布区

不同的生境中生活着不同的物种，不同物种或种群或许有着不同的分布区域，它们或被高山大河阻隔，或由于肉眼难以察觉或人们不曾知晓的因素阻挡。因此要寻找特定的动物，就要去到合适的分布区之中。本书中收录的动物物种在非洲大陆均有分布，也分布于马达加斯加的物种已加注база。在东非地区，有哪些地理屏障常常是动物分布区的边界呢？

东非大裂谷自非洲东南部的莫桑比克起始，一路北上，在坦桑尼亚西南部的马拉维湖处分裂成东西两支，西支沿鲁夸湖、坦噶尼喀湖、基伍湖、爱德华湖、艾伯特湖一路向西北方向延伸，而大裂谷东支则穿过了坦桑尼亚中部及肯尼亚中部，坦桑尼亚的纳特龙湖及肯尼亚的奈瓦沙湖、纳库鲁湖及博戈里亚湖等就位于大裂谷东支之中。东支与西支汇合于肯尼亚北部的图尔卡纳湖。实际上，不是大裂谷穿过了这些湖泊，而是雨水、川流聚集于大裂谷的低凹处形成了这些湖泊。

东非大裂谷也并不像中国的雅鲁藏布大峡谷那样，沿着裂谷的延伸方向并不是只有一道裂谷，站在裂谷一侧，很多时候也不能看到对侧。东非大裂谷宽度 48～65 千米，其间不但点缀着诸多湖泊，也沉睡着数量众多的火山、丘陵等，其中就包括东非第二高峰、肯尼亚的圣山——肯尼亚山。换言之，大裂谷之内亦是一派崇山峻岭之景。对于一些物种来说，横跨东非大裂谷几乎是不可能的事情，另一侧或许也没有该物种的适宜栖息地。因此大裂谷是一些物种分布的边界。

大裂谷东支及西支之间的区域即为东非高原，平均海拔超过 1000 米，肯尼亚中西部地区及乌干达、卢旺达大部分地区的平均海拔更是超过了 2000 米，而肯尼亚东北部及坦桑尼亚西南部则为海拔低于 1000 米的平原。

4.2. 生境

即使是在某一物种的分布区内，也不是每一角落都有较大可能出现该物种，因为分布区内的生境有适宜与不适宜之分。食物（植物、动物）、水域（河流、湖泊）等因素都有可能影响一个物种的适宜栖息地分布。就植物

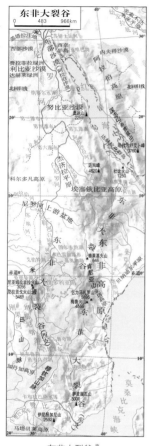

东非大裂谷[※]

而言，可以依据其生长型，即乔木、灌木、草本植物等可见结构对其进行分类，而不必细致地考虑群落中物种的组成成分。故可将东非地区常见的生境大致分成稀树草原、灌丛、林地、荒漠及半荒漠、农田、花园及人类居所等；就水域而言，可大致分为河流、湖泊、小溪、池塘等。下面将对其进行简要的介绍。

4.2.1. 稀树草原

稀树草原是指零星点缀以独株树木或灌丛的草原生境。此地的禾草较高，适于旱生，散生乔木喜阳而耐高温，林木盖度最低为 5%～10%，而最高为

25%～80%。稀树草原地带的气候属于炎热的大陆性气候，植被生长主要受到温度和降雨量的控制，年降水量为 500～1000 毫米，降水集中在雨季。稀树草原，亦称萨瓦纳，是东非地区最为著名的一种生境，景观开阔而平坦。我们熟知的角马大迁徙、猎豹捕猎等场景多出现在这一生境之中。

在某些自然或人工的地区，还会存在多草而无树的景观，我们称之为草地。在树林之中，有可能存在或大或小的没有树木而生长有杂草的区域，我们称之为林间草地。

4.2.2. 灌丛

灌丛是指高度通常小于 5 米的木本植物形成的集群。组成灌丛的灌木植物在较为干旱的环境中占优势。它们长有小刺，可防止水分散失并阻挡动物啃食。

4.2.3. 林地

林地是指生长着成片树木的土地，包括热带雨林、沿河林地等。热带雨林指耐阴、喜雨、喜高温的常绿植物群落，附生植物和藤本植物发达，其内部物种多样性极高，结构层次复杂。在本书中林地指稀树草原或其他生境中的小片森林，树木常绿，地面多为丛生的草本植物。沿河林地沿着稀疏草原中的河流分布。那里的水分充足，能够供养植物的生长，初级生产力大，能够为某些动物提供食物及隐蔽处，还能为野生动物提供必不可少的水源。

4.2.4. 荒漠及半荒漠

荒漠及半荒漠生境年降水量不足 150 毫米，且蒸发量通常大于降水量。地表裸露有砂石，土层薄，缺乏有机物。此类生境中零星分布的耐旱植物，较为稀疏，且种类贫乏，以灌木、半乔木、肉质植物及短命植物为主。

4.2.5. 农田

农田又被称作耕地，是经由人工开垦并种植有农作物的地区。食谷鸟类常出没于麦地、稻田附近，食果鸟类会活动于果园周边。

4.2.6. 花园

花园是由人类精心设计、管理的场所，其中植物的种类可能与当地野外的物种不同。花园中的建筑物密集程度、人为干扰程度及植被的茂密程度各异，但其中经常会有野生动物出没。

4.2.7. 人类居所

人类居所是指接近城市或乡镇等人类聚集的地区，一些动物能够适应与人为邻的生活，并从人类这里得到益处。

4.2.8. 水域

水域包括通常意义上的河流、湖泊、小溪、池塘等。依据水体的含盐量和酸碱度可分为淡水、半咸水、咸水（海水）和碱水等。在此不再详述。

1 稀树草原　　2 灌丛　　3 林地　　4 荒漠及半荒漠　　5 农田　　6 花园　　7 人类居所　　8 水域

4.3. 如何观察野生动物

【望远镜】

在野外观察动物，望远镜是必不可少的工具。在很多情况下，我们无法接近野生动物：我们之间隔着不可跨越的阻挡，例如河流、悬崖；有些动物太过凶猛，例如河马、狮，过分接近会对我们造成伤害；再有一个原因就是，我们的过分接近，会打扰这些动物的正常生活。因此选择一部望远镜，可以在不相互干扰的情况下，拉近彼此的距离。在大多数情况下，6 ~ 8 倍的望远镜都是不错的选择，它足以使你识别出 50 米外一只麻雀大小的鸟类的形态特征；而如果在开阔的湖区，借助一架 30 ~ 60 倍的单筒望远镜，观察警戒距离较远的水鸟，例如大红鹳，则是很好的选择。

【照相机】

照相机也是记录哺乳动物、鸟类或其他动物的一种工具。随着经济水平的提高，越来越多的人走进东非，也有条件购置具备长焦镜头的照相机。借助这些设备，我们能清楚地记录下动物个体的外貌特征，甚至还能记录下它们的各种行为。这些数据还能够长期保存，不但便于日后查询识别，还有利于人们之间的交流。

【工具书】

看得清、照得清不等于认识，因此一本合适的工具书，例如图鉴或野外手册，将有助于识别动物个体的种类。值得庆幸的是，你手中的这本书，就是识别东非野生动物的最佳工具。

【记录本】

记录下观察到的物种是一个不错的习惯。可以记录的内容包括它们的特征、行为、数量、所处环境等。正因为长期积累的记录，才最终汇集成本书。如果你能提交清晰、规范的记录，也将对人们认识一个物种提供帮助。

5. 如何使用本书

本书的写作及排版首要的目的，是使读者在野外遇到野生动物时，能够对照着图片迅速地查找到目标物种，并查出它的基本信息。

每个物种一般占据一页，页面中除了该物种的生态照之外，一些物种还包含了其他角度、姿态或行为的照片。

将形态相对照之后，就可以确定物种的名称了。我们提供了国内学界主流的中文名称，一些物种还提供了俗名或亦称。对于非动物学专业人士来说，动物名称中或许存在许多生僻字，因此我们为中文名称加注了标有音调的汉语拼音。当然，物种的学名及其所属类群也是必不可少的。

汉语拼音

拉丁名
（学名）

中文名

英文名

生态照

《IUCN 红色名录》级别
和 CITES 附录等级

分类地位

鹳形目·鹳科

黄嘴鹮鹳
huáng zuǐ huán guàn

Mycteria ibis
Yellow-billed Stork

LC

成

亚成

身体参数

食谱

生境

活动习性
（只有鸟纲
设此项）

95 ~ 108 厘米

以小型水生动物为主要食物，包括
蠕虫、昆虫、软体动物、鱼类和蛙，
偶食小型哺乳动物和鸟类

大面积的淡水或咸水水域，包括沼泽、
河流、湖泊、水塘、稻田等

单独或集小群

体白而嘴黄。脸及额部裸出呈粉色，
眼褐色，腿粉色，嘴长直而端部略向下
弯。飞翔时可见黑色的飞羽及尾羽，繁
殖季羽色白中透粉。亚成体灰色，腿灰
白色。

仅分布于非洲（含马达加斯加）。
除肯尼亚东北部，东非地区全境可见。

其他角度或行为的照片

形态描述及分布

生活史或性别

127

26

哺乳纲
MAMMALIA

　　哺乳纲（Mammalia），亦称兽纲，俗称哺乳动物、兽类，是动物界在演化上最高等的类群。除了极端环境外，哺乳动物几乎遍布世界；整个类群占据了各种生态系统、生境（栖息地）、生态位，适应性显著。它们的体形和大小差异极大，形态多种多样，行为复杂。哺乳动物最重要的共同特征是哺乳，无论卵生哺乳动物（如鸭嘴兽和针鼹），还是有袋类（无胎盘），或者绝大多数的胎盘哺乳动物，它们的幼崽都会以乳腺分泌的乳汁为食。所有哺乳动物都有 3 块听小骨（锤骨、砧骨、镫骨），以及由一个单独的齿骨构成的下颌。尽管有些兽类的体温会有一定变化，但我们仍认为全部哺乳动物都具有相对高而恒定的体温。根据《世界哺乳动物物种》（*Mammal Species of the World*），现生哺乳动物总计有 29 目 1229 属 5416 种；但根据对《世界兽类手册》（*Handbook of the Mammals of the World*）的最新整理，世界哺乳动物已超过 6000 种。目前估计已知现生哺乳动物约为 6500 种，其中东非的哺乳动物约有 500 种。

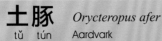

土豚
tǔ tún

Orycteropus afer
Aardvark

↔ 头体长：100～158 厘米
肩　高：58～66 厘米
尾　长：44～63 厘米
体　重：40～81 千克

🍎 白蚁及蚂蚁

🏠 稀树草原及林地

　　管齿目现存仅此一种。似猪，但鼻吻部长，耳长而颈短，尾部粗长。皮肤裸露，体色呈黄灰色、粉色等，仅被稀疏而短的黑毛。爪粗壮，善于掘洞。

　　分布于非洲撒哈拉以南地区，除刚果盆地。东非地区全境可见。

　　白天在地洞中休憩，夜间觅食。每晚最多可取食 5 万只昆虫，舌可伸出口外 30 厘米。鼻腔的骨骼及黏膜结构发达，适于接收气味分子。其洞穴也为其他动物提供了理想的栖宿地。

非洲草原象 *Loxodonta africana*
fēi zhōu cǎo yuán xiàng

VU 附录 I

African Elephant, African Savanna Elephant

雄

雌

肩　高：雄 3 ~ 4 米
　　　　雌 2.4 ~ 3.4 米
尾　长：1 ~ 1.5 米
体　重：雄 4000 ~ 6300 千克
　　　　雌 2200 ~ 3500 千克

草叶、树叶、植物的果实，甚至啃食树皮、树枝

林地、稀树草原、海边及半荒漠地区

亦称非洲象、大象。

体形最大的现生陆生脊椎动物。非洲草原象与非洲森林象（*L. cyclotis*）曾为同一个物种，现在森林象为独立物种。草原象体形更大，耳更大，头部与肩部更高，头顶部隆起，具 1 个"智慧瘤"。前足 4 个脚趾，后足 3 个脚趾。

由于栖息地隔离等原因，零散地分布于非洲撒哈拉以南地区。东非地区亦有广泛而零散的分布。

象为"母系社会"，雌性、雄性亚成体、幼体以家庭为单位活动；成年雄性单独或集小群活动。

岩蹄兔 *Procavia capensis*
yán tí tù

Rock Hyrax, Rock Badger, Rock Rabbit, Cape Hyrax

 LC

头体长：30 ~ 55 厘米
尾　长：1.1 ~ 2.4 厘米
体　重：雄 平均 4 千克
　　　　雌 平均 3.6 千克

以树叶及草叶为主要食物，亦食果实及昆虫，常在上午和傍晚觅食

半荒漠地区、稀树草原或林地的多石地带

　　体形似兔，但耳短。周身被毛，棕灰色。毛色因环境而异，潮湿地区者为深棕色，干旱地区者为浅灰色。雄性体形略大，颈部毛发更浓密，且背部具更明显的腺体。

　　分布于非洲及亚洲的阿拉伯半岛。东非地区主要分布于肯尼亚（除东南部）、坦桑尼亚北部、乌干达和卢旺达。

　　群居，雄性占据领域，一夫多妻制，具有趋于稳定的社会关系。天敌接近时它们会发出鸣叫，预警后躲回岩石掩体内。与象具有较近的亲缘关系。

南树蹄兔 *Dendrohyrax arboreus*
nán shù tí tù
Southern Tree Hyrax

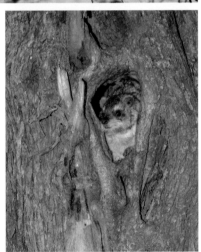

头体长：平均 52 厘米
体　重：平均 2.27 千克

植物的叶片、细枝、芽、果实及种子

成熟树木及幼树的混交林

　　体形较小的蹄兔。上体棕灰色，下体灰白色，额部棕色。眼周为白色，特别是眉部白色。

　　分布于非洲东部至东南部。东非地区主要分布于肯尼亚西南部、坦桑尼亚（除东南部）、乌干达南部、卢旺达和布隆迪。

　　与岩蹄兔最主要的不同点是常在夜间活动，且栖息于树洞里或树林间。

黑背胡狼

hēi bèi hú láng

Canis nesomelas

Black-backed Jackal

LC

头体长：70～100 厘米
尾　长：30～35 厘米
体　重：6.5～13.5 千克

以中小型脊椎动物及腐肉为主要食物

稀树草原、农田、沿海沙漠及雨林

亦称黑背豺。

由于其体形纤细，故有人称之为"豺"，但它们隶属于犬属，是真正的"狼"，而非"豺"。身体纤细而腿修长，鼻吻尖而耳郭大。下体棕黄色，腹部及四肢内侧近白色；上体黑灰色，与下体颜色界限分明。

仅分布于非洲东部、南部和非洲之角地区。东非地区全境可见。

常见成对活动，喜欢尾随狮群，以便获得残羹冷炙。虽然它们经常吃腐肉，但实际上，黑背胡狼捕食能力也很强，从小型的啮齿动物、蜥蜴和蛇，到中型的犬羚、黑斑羚、瞪羚等，食谱非常广泛。

金背胡狼
jīn bèi hú láng

Canis anthus
African Golden Wolf

↔	头体长：65～105 厘米 尾　长：18～27 厘米 体　重：6～15 千克
🍎	以无脊椎动物及小型脊椎动物为主要食物，亦食植物的根茎及果实
🏠	干旱而开阔的地区，包括稀树草原、荒漠、沙漠及农田

亦称非洲胡狼、金背豺。

与黑背胡狼相似，但体形更胖。上体棕灰色，与下体的棕黄色界限不分明。

仅分布于非洲的东部至北部（撒哈拉沙漠）。除坦桑尼亚南部外，东非地区全境可见。

常见成对活动，或有幼体、亚成体的小群。个体间通过舔毛、啃咬脸部等行为进行交流和增进彼此间的感情。与黑背胡狼有竞争关系，金背胡狼有时会杀死黑背胡狼的幼崽。

非洲野犬 *Lycaon pictus*

fēi zhōu yě quǎn

African Wild Dog

头体长：76 ~ 110 厘米
尾　长：30 ~ 41 厘米
体　重：18 ~ 36 千克

以中型有蹄类为主要食物，包括汤氏瞪羚、黑斑羚、苇羚等

林地及稀树草原

亦称非洲猎犬、非洲猎狗、非洲野狗、三色犬。

体形较大，身体纤细，四肢修长。鼻吻部黑色，尾端白色，体余部黑色、白色及棕黄色相间。

零散地分布于非洲撒哈拉以南大部分地区。东非地区亦有零散分布。

喜群居，有记录的群体个体数量为 2 ~ 100 余只，通常为 10 ~ 30 只。由于犬瘟等疾病，导致其种群数量锐减，现已成为濒危级的犬科动物。

蝠耳狐
fú ěr hú

Otocyon megalotis
Bat-eared Fox

头体长：47 ~ 66 厘米
尾　长：23 ~ 34 厘米
体　重：3 ~ 5.3 千克

以无脊椎动物为主要食物，包括白蚁、甲虫；亦食小型脊椎动物及植物的果实

稀树草原及矮草草原

亦称大耳狐。

体形较小，四肢修长，耳郭较大。上体灰色，下体淡棕色，耳端、头顶、吻部、四肢及尾端黑色，额部灰白色。

仅分布于非洲东部和南部地区。广泛分布于东非东部。

蝠耳狐的牙齿结构简单，上面没有明显的凸起，这种特征适于吃白蚁等昆虫，而不适于吃肉。在非洲东部，蝠耳狐一年有 85% 的时间为夜行性。而在非洲南部，它们只在夏季为夜行性，冬季则为昼行性。通常成对或集小群活动，最多可见 15 只的小群。

非洲艾鼬 *Ictonyx striatus*
fēi zhōu ài yòu　Zorilla

LC

头体长：28～38 厘米
尾　长：16～30 厘米
体　重：0.6～1.3 千克

无脊椎动物及蛇类、蜥蜴等

林地及稀树草原

亦称非洲臭鼬、非洲艾虎。

被毛浓密。上体白色，具宽阔的黑纹；下体黑色。耳黑色，耳缘白色。前肢具爪。

分布于非洲撒哈拉以南地区，除刚果盆地。东非地区全境可见。

喜欢夜晚单独活动。

非洲艾鼬虽然外形酷似臭鼬，但它们在亲缘关系上却较远，前者属于鼬科非洲艾鼬属，后者则是臭鼬科。

猎豹
liè bào

Acinonyx jubatus

Cheetah

VU 附录 I

↔ 头体长：110 ~ 150 厘米
尾　长：65 ~ 90 厘米
体　重：35 ~ 65 千克

🍎 中小型有蹄类（瞪羚、黑斑羚）、年幼的大型有蹄类及小型脊椎动物（野兔、鸟类）

🏠 稀树草原

　　身形苗条而四肢修长，头小而圆，耳小。上体黄褐色，下体淡黄色，腹部近白色，周身遍布黑色斑点。尾部具黑环，脸部具黑色"泪纹"。

　　分布于非洲撒哈拉以南地区，除西非雨林。曾广泛分布于非洲、亚洲的阿拉伯半岛及亚洲西部。东非地区主要分布于肯尼亚和乌干达。

　　研究发现，猎豹的亲缘关系与豹较远，反而和远在美洲的美洲狮关系最近。猎豹是陆地上奔跑速度最快的动物，最高时速可达 120 千米，但捕捉猎物的时速通常为 64 千米。

狞猫
níng māo

Caracal caracal
Caracal

头体长：62～91 厘米
尾　长：18～34 厘米
体　重：雄 12～19 千克
　　　　雌 8～13 千克

小型哺乳动物、鸟类、爬行动物及昆虫，包括小型羚羊、蹄兔、野兔及啮齿动物等

林地、灌丛、稀树草原及半荒漠地区

亦称狞猫。

四肢修长，耳大，端部具黑色簇毛。身体黄褐色，腹部及四肢内侧为淡黄色，具黄褐色斑点。

分布于非洲的西北部、东北部和撒哈拉以南地区（除刚果盆地），亚洲的阿拉伯半岛西部和南部，以及亚洲西南部。东非地区全境可见。

其英文名源自土耳其语，意为"黑色的耳朵"。狞猫的弹跳力很强，原地起跳可达 3.7 米高，很容易捕食刚从地面腾飞的鸟类。

薮猫 *Leptailurus serval*
sǒu māo
Serval

LC 附录 II

↔	头体长：67 ~ 100 厘米 尾　长：24 ~ 35 厘米 体　重：雄 10 ~ 18 千克 　　　　雌 6 ~ 12.5 千克
🍎	常于晨昏捕食鼠类、鼩鼱、小鸟、蛙、蜥蜴及昆虫等，偶食腐肉
🏠	草原、灌丛及沼泽

　　四肢修长，耳大，周身遍布黑色斑点。身体黄褐色，腹部近白色。尾长中等，有黑色环纹。

　　分布于非洲撒哈拉以南地区及西北部一隅，除非洲西部和西南部地区。东非地区全境可见。

　　四肢相对长度在所有猫科动物中是最长的，不善奔跑，常隐蔽于高草丛中奇袭猎物。

狮
shī

Panthera leo
Lion

VU 附录 II

雄

↔	头体长：雄 172 ~ 250 厘米 　　　雌 158 ~ 192 厘米 尾　长：60 ~ 100 厘米 肩　高：100 ~ 128 厘米 体　重：雄 150 ~ 260 千克 　　　雌 122 ~ 182 千克
🍎	以 50 ~ 300 千克的动物，特别是有蹄类为主要食物，包括角马、斑马、非洲水牛及瞪羚等
🏠	除茂密的森林和干燥的沙漠之外的各种生境

雌

亦称非洲狮、狮子。

体形最大的猫科动物。全身淡黄色、棕色等。雄性头颈部至肩部具棕黄色鬃毛。

分布于非洲、亚洲的印度西部。东非地区全境可见。

猫科动物中唯一集群的种类。群居，由一头雄狮、数头雌狮及若干幼狮组成多偶家族。有时群体中有两头或两头以上兄弟关系的雄狮为首领。交配期雌狮和雄狮会单独在一起，雌狮生产时也会暂时离开狮群。

豹 *Panthera pardus*

bào Leopard

VU 附录 I

头体长：雄 120 ~ 190 厘米
　　　　雌 104 ~ 140 厘米
尾　长：60 ~ 110 厘米
体　重：雄 35 ~ 90 千克
　　　　雌 28 ~ 60 千克

中型有蹄类，包括黑斑羚、瞪羚、疣猪，以及灵长类和家畜等，亦食鸟类、爬行动物及鼠类

稀树草原、灌丛、林地

亦称花豹、金钱豹、非洲豹。

体形较猎豹更粗壮。全身黄褐色，具铜钱状花斑。头部、四肢、腹部及尾部具棕黑色实心斑点，胸部具一黑色横纹。

广泛分布于非洲，亚洲西部、南部及东部地区。东非地区全境可见。

豹较为机警，通常夜晚活动，白天主要在树上睡觉或休息。捕到猎物后，它们会将食物拖拽到树上，防止狮、鬣狗等动物的侵扰。

锈斑麝 *Genetta maculata*

xiù bān fú

Rusty-spotted Genet, Panther Genet

头体长：40 ~ 55 厘米
尾　长：40 ~ 54 厘米
体　重：1.2 ~ 3.1 千克

以啮齿动物为主要食物，亦食小型脊椎动物、无脊椎动物和果实

河边林地、潮湿林地及雨林

亦称豹斑麝、斑麝、林麝；也常误写为"麝"（pú）；注意，"麝"和"麝"的发音不同。

体形似猫，纤细，四肢较短。身体灰褐色，具不规则的锈色斑点，上体斑点较大，下体斑点较小。背脊中线黑色纹明显。吻侧具一黑色斑块。尾长，呈纺锤形，淡黄褐色，具宽阔的黑色尾环。尾尖为灰白色，而东非另一种常见的小斑麝（*G. genetta*）的尾尖为黑色。

分布于非洲撒哈拉以南地区，除卡拉哈利沙漠地区。东非地区全境可见。

夜行性，单独活动。偶尔受到食物的吸引，会聚集成小群。

斑鬣狗
bān liè gǒu

Crocuta crocuta
Spotted Hyaena

左雌，右幼

⟷	头体长：110 ~ 180 厘米 尾　长：25 ~ 36 厘米 体　重：40 ~ 90 千克
🍎	以捕猎为主，喜食中小型食草动物，甚至集群攻击大型脊椎动物
🏠	开阔林地、茂密的干燥林、稀树草原及半荒漠地区

亦称鬣狗、斑点鬣狗、土狼。

体形粗壮、敦实，周身遍布棕黑色斑点或花纹。上体棕黄色，下体棕灰色。耳部钝圆。尾部较短，尾端及吻部黑色。

分布于非洲撒哈拉以南大部分地区，除西非雨林及非洲南部。东非地区全境可见。

头骨扁平而吻端较钝，臼齿具突，咬肌发达，适于咬碎长骨取食其中的骨髓。虽然名曰"狗"，但实属猫形亚目。

条纹獴
tiáo wén měng

Mungos mungo
Banded Mongoose

LC

↔	头体长：30～45 厘米 尾　长：15～30 厘米 体　重：1.5～2.25 千克
🍎	以昆虫为主要食物，喜食白蚁、甲虫蛹或蠕虫，亦食小型脊椎动物
🏠	林地、灌丛、稀树草原及人类居所

亦称非洲獴、缟獴。

体形似黄鼬，但鼻吻部较尖，具爪。身体棕灰色，下体色淡。下背至臀部具明显的横纹。

广泛分布于非洲撒哈拉以南大部分地区，除刚果盆地及非洲南部地区。东非地区全境可见。

种群中的雄性首领常会用肛周腺喷射液体来标记领地和群体中的个体。喜集群，7～40 只，通常约 20 只。

普通倭獴
pǔ tōng wō měng

Helogale parvula
Common Dwarf Mongoose

LC

头体长：18～28 厘米
尾　长：14～19 厘米
体　重：210～350 克

以无脊椎动物为主要食物，特别是蝗虫、蟋蟀、白蚁、蝎等，亦食鼠类、蜥蜴及蛇类等脊椎动物

稀树草原、灌丛及开阔林地，通常避免干燥或开阔的地区

亦称矮獴、侏獴、倭獴。

外形似条纹獴，但体形更小，且不具斑纹。不同个体之间体色差异较大，包括棕黄色、棕红色、棕灰色等，但同一地区或同一种群的体色相近。

分布于非洲的南部地区至非洲之角一带。东非地区分布于肯尼亚、坦桑尼亚及乌干达东部。

普通倭獴是体形最小的獴科动物，会采取"哨兵放哨"的形式预警天敌的出现，并常借蚁冢作为隐蔽。倭獴属有 2 种，除普通倭獴之外，埃塞俄比亚倭獴（*H. hirtula*）分布于埃塞俄比亚东部、肯尼亚东北部和索马里南部。

韦氏颈囊果蝠 *Epomophorus wahlbergi*
wéi shì jǐng náng guǒ fú Wahlberg's Epauletted Fruit Bat

头骨长：雄 44 ~ 57 毫米
　　　　雌 41 ~ 49 毫米
翼　展：雄 510 ~ 600 毫米
　　　　雌 456 ~ 540 毫米
体　重：54 ~ 125 克

以柿树属植物的果实、榕果、番石榴为主要食物。它们会把果实带离母树，在其他树上进食，这样能传播种子。它们也吃槲属植物的叶子。有时也吃少量昆虫

森林、灌丛、稀树草原。从海平面至海拔 2000 米的范围内，均有发现

亦称华伯肩毛果蝠。

身体棕色或灰棕色，雄性颜色比雌性颜色更深。雌雄的耳基部均有明显的白斑，白斑的旁边有气味腺体。雄性肩部两侧各有一簇饰肩毛，雌性无。眼大而明亮。耳椭圆，无耳屏。

分布于非洲中南部和南部。东非地区全境可见。

雄性颈部有气囊，故名。雄性求偶炫耀的时候，可用气囊发出更大的声音。它们常几只至上百只聚集在一起，栖息在榕树或其他树上，也可见于棕榈的叶片下。

埃及果蝠

āi jí guǒ fú

Rousettus aegyptiacus
Egyptian Fruit Bat, Egyptian Rousette

↔	头体长：平均 150 毫米 翼　展：平均 600 毫米 体　重：平均 160 克
🍎	喜食多种植物的果实，特别是枣类。研究发现，它们摄入的果实多为被昆虫或菌类侵蚀过的，这对植物的健康更有利
🏠	森林、灌丛、稀树草原。从海平面至海拔 2000 米的范围内，均有发现

亦称北非果蝠。

身体棕色、灰棕色或黄棕色，翼膜颜色更深。雄性具明显的睾丸，因此易于辨认性别。眼大而明亮；耳大，椭圆形，无耳屏；鼻吻部凸出。

不连续地分布于非洲的西部、东南部和南部，埃及尼罗河流域和埃塞俄比亚中南部，还延伸到亚洲的阿拉伯半岛西南缘、巴基斯坦、印度北部，以及中东地区。东非主要地区均可见。

白天在树上或山洞内，晚上在有果实的树木间觅食。集群生活，通常形成几十至上百只的群体，最大群体可达几千只。可用舌头敲击上下腭，发出尖锐的"哒哒哒"声，并使用回声定位技术。

狭齿果蝠 *Rousettus lanosus*
xiá chǐ guǒ fú
Long-haired Rousette

头体长：平均 140 毫米
前臂长：平均 91.6 毫米
体　重：平均 103 克

以水果，特别是浆果为主要食物，
亦食花蜜和花粉，甚至花朵

以海拔 500 ~ 4000 米的山地为主。
常见于海拔 1500 ~ 2500 米的地区，
特别是常绿灌丛地、林地，例如金
合欢树林；也可见于较干燥的低地
热带雨林

亦称多毛果蝠。

身体呈棕黄色，腹部较浅。雌雄差异不明显，雄性颈部和喉部的毛略长。头似狐或犬。耳较大，椭圆形，裸露无毛，深棕色。眼大而圆。翼膜深褐色。尾较短，无连接的尾膜。

分布于非洲的刚果（金）、埃塞俄比亚、马拉维、南苏丹。东非地区分布于肯尼亚、卢旺达、坦桑尼亚和乌干达。

可聚集成百上千的大群。在繁殖季，雌雄常分群而居。

48

黄翼蝠
huáng yì fú

Lavia frons
Yellow-winged Bat

LC

头体长：63 ~ 83 毫米
前臂长：55 ~ 64 毫米
体　重：28 ~ 36 克

以昆虫等无脊椎动物为主要食物，包括白蚁、金龟子，以及直翅目、鳞翅目和双翅目昆虫

栖于稀树草原的树上，特别是在干旱季节见于大戟属植物附近

亦称黄翼洗浣蝠。

体呈浅灰色，翼膜、耳、鼻叶为鲜黄色。耳朵、鼻叶较细长，耳屏细而长。眼睛大，黑色，十分明显。

分布于非洲中部、东部及西部。东非地区全境可见。

属夜行性动物，但白天可见其倒挂在金合欢树上，或者洞穴、建筑物内。喜欢在水边生活。与其他假吸血蝠不同的是，它们只吃昆虫，不捕食小型脊椎动物。

南非墓蝠 *Taphozous mauritianus*

nán fēi mù fú
Mauritian Tomb Bat

LC

↔ 头体长：100～110 毫米
前臂长：58～64 毫米
体　重：25～36 克

🍎 以昆虫为食，特别是蛾类。清晨和傍晚天色较亮的时候，还会捕捉蝴蝶和白蚁

🏠 干旱、半干旱区域，包括稀树草原、草地、林地；也可以生活在较为潮湿的环境中，如热带雨林、开阔的沼泽或河流附近。洞穴、树洞、岩石缝隙、人类居所（屋檐、墙壁缝隙，甚至墓室内）均可见

亦称毛里求斯墓蝠。

身体呈灰白色，背部发黑，有黑、褐、白色毛混杂一起，腹部发白。幼体或亚成体的颜色更深。翼展长而窄。面部、鼻吻部毛较为稀疏，呈棕褐色。鼻部结构简单，无鼻叶。耳长 2～3 毫米，为三角形，下边缘钝圆，有耳屏。眼大而圆。

分布于非洲的西部、中部、南部，以及马达加斯加和附近岛屿。东非地区全境可见。

肾脏发达，适合浓缩处理代谢产物，以便高效利用水分。喜集群，几只至上百只不等。毛里求斯为其模式标本产地，故英文直译名为毛里求斯墓蝠。

皱唇蝠 *Chaerephon* sp.
zhòu chún fú
Wrinkle-lipped Bat

↔ 头体长：40 ~ 120 毫米
前臂长：40 ~ 50 毫米
体　重：平均 20 克

🍎 昆虫

🏠 稀树草原、多岩石地区，以及人类居所（屋檐下、阁楼里、废弃的房屋顶部等）

亦称非洲犬吻蝠。

皱唇蝠属物种体形中等，尾呈游离状，不完全在尾膜内。头部似犬，耳朵较大，呈不规则的多边形，褶皱较多。唇部褶皱丰富。体色通常为棕褐色、黄褐色、黑褐色等。

分布于非洲撒哈拉沙漠以南大部分地区。东非地区全境可见。

常成群活动，飞行时可发出可听声。东非常见物种有：垂耳皱唇蝠（*C. major*）、腺尾皱唇蝠（*C. bemmeleni*）、斑皱唇蝠（*C. bivittata*）、赤皱唇蝠（*C. russatus*）等。

普通斑马

pǔ tōng bān mǎ

Equus quagga

Plains Zebra, Common Zebra

NT

头体长：217 ~ 246 厘米
肩　高：127 ~ 140 厘米
尾　长：47 ~ 57 厘米
体　重：雄 220 ~ 322 千克
　　　　雌 175 ~ 250 千克

以草为食，包括黄茅、香茅及三芒草等

稀树草原及开阔林地

亦称斑马、平原斑马、草原斑马。

体形似家马，但更显粗壮、敦实。颈部短，鬃毛竖起。周身具黑白相间的条纹。不同的个体或亚种腹部有或无黑纹。极少个体有条纹变异的情况。

仅分布于非洲东部和南部。除肯尼亚东北部，东非地区全境可见。

喜集群生活，常与角马群体混合在一起，特别是在大迁徙的时节，但也可见几头或单独的个体活动。

细纹斑马
xì wén bān mǎ

Equus grevyi
Grevy's Zebra

 附录 I

↔	头体长：250 ~ 300 厘米 肩　高：140 ~ 160 厘米 尾　长：40 ~ 75 厘米 体　重：雄 380 ~ 450 千克 　　　　雌 350 ~ 400 千克
🍎	以草为食，包括金须茅、蒺藜草等
🏠	较为干燥的草原及荒漠中的灌丛、绿洲等

亦称斑马、狭纹斑马、格氏斑马。

与普通斑马的外形近似，但体形略大，条纹更细、更密。

仅零散地分布于非洲东部和东北部的非洲之角地区。东非地区主要分布于肯尼亚东北部。

雄性细纹斑马具有领地性，雌性的繁殖周期较长，加之不能远离水源，因此其分布范围较普通斑马更小。

细纹斑马是一种濒危级哺乳动物，在 20 世纪 70 年代，其野外数量大约有 1.5 万头，但今已不足 2500 头，数量下降非常明显，亟待保护。

黑犀 *Diceros bicornis*
hēi xī
Black Rhinoceros, Browse Rhinoceros

 CR 附录 I

↔	头体长：290 ~ 375 厘米 肩　高：137 ~ 180 厘米 尾　长：60 ~ 70 厘米 体　重：700 ~ 1400 千克
🍎	择食植物的叶片、茎及树皮，偶尔进食地面的草，会避开豆荚
🏠	稀树草原、灌丛及开阔林地

亦称窄吻犀、犀牛。

黑犀与白犀最重要的区分特征在吻部，黑犀吻部较尖，适于取食植物的叶片。皮肤裸露，具稀疏的黑色短刚毛，体色由灰白色至灰黑色不等，一般较白犀更深。

仅分布于非洲西部、东部和南部。东非地区全境可见。

由于人类对犀牛角的贪婪需求，黑犀已成为极危级物种。在 20 世纪中叶，黑犀的数量为 7 万余头，而如今其数量仅有约 3000 头。

南白犀

Ceratotherium simum
Southern White Rhinoceros

头体长：360 ~ 420 厘米
肩　高：170 ~ 185 厘米
尾　长：90 ~ 100 厘米
体　重：雄 2000 ~ 3600 千克
　　　　雌 1400 ~ 2000 千克

以矮草为食，包括狗牙根、虎尾草、黄茅等

稀树草原

亦称宽吻犀、白犀、犀牛。

体形比黑犀大，四肢更短粗，显得更敦实。虽名叫白犀，但体色与黑犀相似，最大的不同是白犀吻部较宽。

原产于非洲南部地区，后被重引入南非周边的国家，以及东非的肯尼亚、乌干达等国。

20 世纪初叶，南白犀仅分布于南非，且数量不足 50 头。由于及时采取了保护措施，其种群数量不断增长，后被引入或重引入非洲的其他国家。

北白犀 *Ceratotherium cottoni*
běi bái xī
Northern White Rhinoceros

CR 可能野外灭绝（EW），附录I

雌

头体长：248 ~ 284 厘米
肩　高：174 ~ 178 厘米
尾　长：平均 90 厘米
体　重：雄 1400 ~ 1600 千克
　　　　雌 1400 ~ 1500 千克

与南白犀食性近似

稀树草原、林地及附近的草地

雄

亦称宽吻犀、北方白犀、北部白犀、白犀、犀牛。

北白犀与南白犀曾为 2 个不同的亚种，它们于 2010 年独立为不同种。北白犀在形态上与南白犀非常相似，不易鉴定。北白犀体形略小，头较短，肩部低，背部平缓，尾长，耳缘毛长；南白犀肩部高，背部略凹，尾短，耳缘毛短。原产于乌干达西北部、南苏丹南部、中非东部及刚果（金）东北部。2018 年 3 月 19 日，最后一头雄性北白犀"苏丹"去世。现仅有两头雌性个体，为苏丹的女儿和外孙女，生活在肯尼亚的奥佩杰塔私人保护区（Ol Pejeta Conservancy）。

白犀（*C. simum*）原有 2 个亚种，后均被提升至独立物种，即南白犀（*C. simum*）和北白犀（*C. cottoni*）。两种白犀的行为和生态虽然没有明显差别，但牙齿结构和头骨结构存在显著差别，核 DNA 及线粒体 DNA 研究表明，两种白犀分化于 100 万年前。

薮猪
sǒu zhū

Potamochoerus larvatus
Bushpig

LC

↔	头体长：100 ~ 177 厘米 肩　高：55 ~ 100 厘米 尾　长：30 ~ 45 厘米 体　重：45 ~ 150 千克
🍎	以植物的根、果实、苔藓等为主要食物，也吃昆虫、爬行动物等
🏠	森林及其附近的茂密灌丛

亦称非洲野猪、假面野猪、丛林猪、灌丛野猪。

体形较粗壮短圆。毛色由棕红色至灰白色不等，颈部至背中线的鬃毛及颊部的鬃毛白色或黑白相间。

分布于非洲东部至东南部。除肯尼亚东部地区，东非地区全境可见。

机会主义杂食动物，摄取的食物随活动区内的环境不同而变化。

普通疣猪

pǔ tōng yóu zhū

Phacochoerus africanus
Common Warthog

LC

头体长：105～152 厘米
肩　高：55～85 厘米
尾　长：35～50 厘米
体　重：雄 60～150 千克
　　　　雌 45～75 千克

雨季以草叶为食，旱季以植物的块状根茎为食。有时也捕食小型动物

稀树草原及开阔林地

　　身体强健，体形较为纤细，腿长而颈短。皮肤裸露，呈棕灰色至棕红色不等，具稀疏的黑色短毛，头顶及背中线具棕灰色鬃毛。雌雄均具獠牙，雄性 4 枚均外露，雌性仅 2 枚外露。

　　仅分布于非洲撒哈拉以南大部分地区，除非洲西部的雨林及南部地区。东非地区全境可见。

　　生活在城市或者郊区的疣猪，胆大易接近人，但野外环境中的疣猪胆小、机警，不易接近人类。在肯尼亚东部和东北部以及埃塞俄比亚东部、索马里南部，还有一种荒漠疣猪（*P. aethiopicus*）。

黑斑羚 *Aepyceros melampus*
hēi bān líng　Impala

LC

雄

↔	头体长：120 ~ 160 厘米 肩　高：75 ~ 95 厘米 尾　长：30 ~ 45 厘米 体　重：雄 45 ~ 80 千克 　　　　雌 40 ~ 60 千克
🍎	啃食草叶、豆荚、灌木的叶片等
🏠	稀树草原、灌丛及开阔林地，常在树林或灌丛与草地的交错地区活动

雌

亦称高角羚、飞羚。

上体棕褐色，胁部及四肢外侧淡褐色，腹部及四肢内侧近端白色，臀及尾内侧白色。尾下垂时显露的黑色，与臀部外侧的黑纹，形似字母"M"。仅雄性具角。

仅分布于非洲东部至南部地区。东非地区主要分布于乌干达南部、肯尼亚南部及坦桑尼亚。

后肢距部特有的腺体释放的信息素，能够帮助离群个体找回群体。

西白须角马
xī bái xū jiǎo mǎ

Connochaetes mearnsi
Western White-bearded Wildebeest

↔	头体长：雄 180 ~ 240 厘米
	雌 170 ~ 230 厘米
	肩　高：雄 100 ~ 123 厘米
	雌 平均 117 厘米
	尾　长：70 ~ 100 厘米
	体　重：雄 平均 208 千克
	雌 平均 163 千克
	角　长：平均 83 厘米

🍎 以雨后萌发的短草为主要食物

🏠 开阔灌丛及稀树草原

　　亦称角马、蓝角马、黑尾角马、黑尾牛羚、塞伦盖蒂白须角马。

　　身体灰黑色，背中线的鬃毛黑色。头部较长，面部为黑色，喉中线的胡须为白色。角横向两侧长出后向上弯折。

　　主要分布于维多利亚湖东部的坦桑尼亚西北部至肯尼亚南部，即塞伦盖蒂 - 马赛马拉大草原。

　　因食性而逐水草而居，是东非野生动物大迁徙中的代表性物种。

东白须角马
dōng bái xū jiǎo mǎ

Connochaetes albojubatus
Eastern White-bearded Wildebeest

LC

头体长:	平均 195 厘米
肩 高:	雄 125 ~ 145 厘米
	雌 115 ~ 142 厘米
尾 长:	平均 60 厘米
体 重:	雄 222 ~ 271 千克
	雌 179 ~ 208 千克
角 长:	平均 83 厘米

以矮草为主要食物,旱季亦食高草

开阔林地、灌丛及稀树草原

与西白须角马相似,但背部至臀部呈灰白色,四肢下部呈棕黄色。

主要分布于坦桑尼亚东北部及肯尼亚西北部,即西白须角马分布区的东侧。

该种并不像西白须角马那样进行长距离迁徙,通常群体较小,活动范围较小。

西白须角马、东白须角马、蓝角马(*C. taurinus*)和约氏角马(*C. johnstoni*)原为黑尾角马(蓝角马)的 4 个亚种,现均已提升为独立物种。

塞伦盖蒂黑面狷羚 *Damaliscus jimela*
sài lún gài dì hēi miàn juàn líng
Serengeti Topi

雄

雌

↔	头体长：150 ~ 205 厘米 尾　长：40 ~ 60 厘米 肩　高：104 ~ 126 厘米 体　重：雄 111 ~ 147 千克 　　　　雌 90 ~ 130 千克 角　长：平均 72 厘米
🍎	以高草为主要食物
🏠	稀树草原

亦称狷羚、黑面牛羚。

皮肤裸露，呈棕褐色，四肢基部外侧黑色，四肢前臂棕黄色。脸长，面部黑色。角具环状脊纹，角中部向后弯折，雄性的角略粗。

仅分布于肯尼亚和坦桑尼亚的塞伦盖蒂 - 马赛马拉大草原。

原为黑面狷羚的亚种（*D. lunatus jimela*），现被提升为独立物种。

库氏麋羚
kù shì mí líng

Alcelaphus cokii
Coke's Hartebeest

LC

↔	头体长：177 ~ 200 厘米
	肩　高：雄 117 ~ 124 厘米
	雌 平均 112 厘米
	尾　长：45 ~ 70 厘米
	体　重：雄 129 ~ 171 千克
	雌 116 ~ 148 千克
🍎	以中高草为主要食物
🏠	稀树草原、灌丛及林地

亦称科氏麋羚、犸羚。

与黑面犸羚外形相似，但身体为黄褐色，且角形不同。

仅分布于撒哈拉以南的非洲，除非洲西部雨林。东非地区主要分布于肯尼亚南部、坦桑尼亚北部及南部。

原为麋羚的亚种（*A. elaphus cokii*），现被提升为独立物种。

西汤氏瞪羚 *Eudorcas nasalis*
xī tāng shì dèng líng   Serengeti Thomson's Gazelle

雌

雄

头体长：70~90厘米
肩　高：平均66厘米
尾　长：22~24厘米
体　重：15~17千克
角　长：雄25~43厘米
　　　　雌7~15厘米

草叶

以矮草草原为主，也会在高草草原及树林中活动

　　亦称塞伦盖蒂汤氏瞪羚、汤姆森瞪羚、汤普森瞪羚。

　　上体及四肢外侧棕褐色，下体及四肢内侧白色，胁部具宽阔的黑色条纹。臀部白色，臀侧纹棕黑色。额部棕红色。眼前纹棕黑色，具大块的棕黑色鼻斑。

　　仅分布于东非，包括肯尼亚和坦桑尼亚的塞伦盖蒂 - 马赛马拉大草原。

　　原为汤氏瞪羚的西部亚种（*E. thomsoni nasalis*），后被提升为独立物种。

东汤氏瞪羚

dōng tāng shì dèng líng

Eudorcas thomsoni

Eastern Thomson's Gazelle

雌

头体长：雄 92 ~ 107 厘米
        雌 89 ~ 107 厘米
肩　高：58 ~ 70 厘米
尾　长：20 ~ 28 厘米
体　重：雄 17 ~ 25 千克
        雌 13 ~ 20 千克
角　长：雄 25 ~ 43 厘米
        雌 7 ~ 15 厘米

草叶及其他低矮的灌丛叶片

有树木、灌丛零星分布的干旱的矮草草原

雄

亦称汤姆森瞪羚、汤姆逊瞪羚。

与西汤氏瞪羚外形相似，但体形较大，眼前纹更淡、更窄，鼻斑更淡、更小，臀侧纹更淡、更窄。

仅分布于东非，包括肯尼亚和坦桑尼亚的塞伦盖蒂 - 马赛马拉大草原以东的区域，分布面积较西汤氏瞪羚更大。

格氏瞪羚 *Nanger granti*
gé shì dèng líng
Grant's Gazelle

LC

左雌，右雄

头体长：140 ~ 166 厘米
肩　高：雄 85 ~ 91 厘米
　　　　雌 78 ~ 83 厘米
尾　长：20 ~ 28 厘米
体　重：雄 60 ~ 81.5 千克
　　　　雌 38 ~ 67 千克

以草叶为主要食物，其中 2/3 为精食（择食），1/3 为粗食（牧食）

稀树草原、灌丛及半荒漠地区

亦称格兰特瞪羚、葛氏瞪羚。

体形中等，比汤氏瞪羚更高大。上体及四肢外侧淡黄褐色，下体及四肢内侧白色，眼周黑色。

具两个亚种：*N. g. robertsi* 体色更浅，分布于肯尼亚西南部及坦桑尼亚西北部，即塞伦盖蒂 - 马赛马拉大草原；*N. g. granti* 体色更深，分布于肯尼亚南部至坦桑尼亚北部，分布区更靠东，面积更大。

南长颈羚 *Litocranius walleri*

nán cháng jǐng líng

Gerenuk, Giraffe Gazelle

前雄，后雌

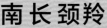

头体长：140 ~ 160 厘米
肩　高：80 ~ 105 厘米
尾　长：22 ~ 35 厘米
体　重：雄 31 ~ 52 千克
　　　　雌 28 ~ 45 千克

择食树叶，特别是金合欢树的嫩叶

灌丛及矮树林

亦称长颈羚。

四肢修长，身形苗条，颈部细长。背部栗红色，腹部及四肢近端内侧白色，体余部黄褐色。仅雄性具角。

仅分布于非洲东部和非洲之角地区。东非地区主要分布于肯尼亚北部、东部和南部，坦桑尼亚北部。

长颈羚（*L. walleri*）的两个亚种现提升为独立物种，即南长颈羚（*L. walleri*）和北长颈羚（*L. sclateri*）。

汤氏犬羚 *Madoqua thomasi*

tāng shì quǎn líng
Thomas's Dik-dik

头体长：55 ~ 77 厘米
肩　高：35 ~ 45 厘米
尾　长：4 ~ 6 厘米
体　重：2.7 ~ 6.5 千克
角　长：平均 11.4 厘米

灌丛和草丛的叶子、嫩芽、幼苗、嫩草、果实等

灌丛，尤其是金合欢树间的灌丛

　　犬羚是体形最小的一类羚羊。雌雄体形近似。头较小，似犬，故名。眼大，眼周白色，有明显的眶前腺（泪腺）。雄性角短，基部具明显的环形棱嵴。耳朵较大。鼻部粗，鼻孔较大。鼻黏膜中毛细血管发达，易于散热。身体呈灰褐色，特别是背部、颈部、臀部灰色明显，额部具近圆形灰色斑块。腹部近白色。

　　仅分布于坦桑尼亚西北部。

卡氏犬羚
kǎ shì quǎn líng

Madoqua cavendish
Cavendish's Dik-dik

雌

右雄

头体长：55～77 厘米
肩　高：35～45 厘米
尾　长：4～6 厘米
体　重：2.7～6.5 千克
角　长：平均 11.4 厘米

与汤氏犬羚相似

与汤氏犬羚相似

外形与汤氏犬羚相似，但雌性头顶簇毛更高，雌性额部灰色斑块为倒心形。

仅分布于乌干达东部、肯尼亚西南部及坦桑尼亚西北部。

犬羚都是一夫一妻制，当两只犬羚休息时，它们的面部经常朝向不同方向，以警惕周围环境。

史氏犬羚 *Madoqua sithii*

shǐ shì quǎn líng　Smith's Dik-dik

↔	头体长：55 ~ 71 厘米 肩　高：35 ~ 40 厘米 尾　长：3 ~ 5 厘米 体　重：3 ~ 5 千克 角　长：平均 9.8 厘米
🍎	植物的芽、嫩叶、果实及嫩草
🏠	干旱、半干旱荒漠中的低矮灌丛附近

外形与卡氏犬羚相似，但额部的簇毛向下可至两眼间的鼻上部，且鼻部更突出。

仅分布于肯尼亚北部及邻近国家（埃塞俄比亚、南苏丹、乌干达）。

汤氏犬羚、卡氏犬羚、史氏犬羚原为犬羚（*M. kirkii*）的不同亚种，后均被提升为独立物种。

马赛岩羚
mǎ sài yán líng

Oreotragus schillingsi
Maasai Klipspringer

LC

| 头体长：77 ~ 84 厘米 |
| 肩 高：45 ~ 60 厘米 |
| 尾 长：7 ~ 13 厘米 |
| 体 重：雄 平均 10 千克 |
| 雌 平均 13 千克 |
| 角 长：雄 8 ~ 8.7 厘米 |
| 雌 6.7 ~ 9.5 厘米 |

植物的嫩叶、嫩枝、果实和花朵

裸露的岩石地带

亦称山羚。

体形较小。耳朵较大。皮毛致密粗糙，单根毛呈中空状。体色灰褐色、红褐色或黄灰色，腹部较浅。生活在不同地区、不同年龄的不同个体会有颜色上的差异。雄性的角短，细而尖。

仅分布于肯尼亚南部、坦桑尼亚西南部和乌干达西南部。

岩羚的蹄子较小，适于攀爬岩石崖壁并取食上面的植物，能够占据其他有蹄类难以涉足的生态位。常在晨昏活动。曾认为是岩羚的马赛亚种（*O. oreotragus schillingsi*），现提升为独立物种。

普通石羚 *Raphicerus campestris*
pǔ tōng shí líng

Steenbok, Steinbuck

LC

↔	头体长：72 ~ 87 厘米 肩　高：45 ~ 60 厘米 尾　长：平均 5 厘米 体　重：7 ~ 16 千克 角　长：雄 7 ~ 11 厘米
🍎	用蹄子刨开并食用植物的块根，或择食灌丛及树木的叶片，亦食植物果实或啃食草芽
🏠	稀树草原的多石地带及灌丛

　　亦称小岩羚、纹角羚。

　　体形较小，苗条而四肢修长，头部短而厚。身体棕黄色。雄性具细、短而无螺旋的角，雌性无角，但白色眼圈较雄性明显。

　　广泛分布于非洲东部和南部地区。东非地区主要分布于肯尼亚（除东北部）及坦桑尼亚（除东南部）。

　　当危险来临时，幼崽常采取趴卧的隐蔽策略，观察并聆听危险；当危险过于逼近时，石羚会沿"Z"字形路线快速逃跑。

非洲水牛

fēi zhōu shuǐ niú

Syncerus caffer

African Buffalo

LC

雄

↔	头体长：240 ~ 340 厘米
	肩　高：148 ~ 175 厘米
	尾　长：50 ~ 110 厘米
	体　重：雄 500 ~ 900 千克
	雌 350 ~ 620 千克

🍎 以鲜草为主要食物

🏠 稀树草原、林地及雨林，常见于水边草地

左幼，右雌

亦称非洲野牛、非洲野水牛。

体形似家养水牛，但更健壮，且亲缘关系较远，为不同属。身体灰黑色。角灰黑色，基部宽阔扁平，从正面看，如同一本打开的厚书。角向两侧伸出后向上延伸、向内弯曲而渐细。

分布于非洲东部至南部。东非地区全境可见。

有时集大群活动，或者集一雄多雌的小群，也常见雄性独牛。

被认为是非洲最危险的动物之一。

普通大羚羊 *Taurotragus oryx*
pǔ tōng dà líng yáng
Common Eland

LC

雄

雌

头体长：200 ~ 345 厘米
肩　高：130 ~ 180 厘米
尾　长：60 ~ 90 厘米
体　重：300 ~ 1000 千克
角　长：雄 平均 65 厘米
　　　　雌 平均 68 厘米

择食高草、小灌丛及树木矮处的叶片

稀树草原及开阔林地

亦称大羚羊、旋角大羚羊、大钻角羚、大角斑羚。

体形最大的羚羊。雌雄均具角，与头长相近，基部具微螺旋而端部略向后弯。从颈部至尾端的背中线具鬃毛。雌性棕红色，胁部最多具 12 条白色横纹，喉部垂肉最下端具棕黑色簇毛。雄性淡褐色，胁部白纹较少，额中线具棕黑色簇毛。

分布于非洲东部至南部地区。东非地区主要分布于肯尼亚南部、乌干达及坦桑尼亚。

它们的社会结构特殊，全雄群规模较小，全雌群规模较大，而携带幼崽的雌性会组成一个育幼群。

南非薮羚

nán fēi sǒu líng

Tragelaphus sylvaticus

Cape Bushbuck, Imbabala

LC

雄

雌

头体长：雄 117 ~ 145 厘米
　　　　雌 114 ~ 132 厘米
肩　高：雄 64 ~ 100 厘米
　　　　雌 61 ~ 85 厘米
尾　长：19 ~ 24 厘米
体　重：雄 40 ~ 80 千克
　　　　雌 24 ~ 60 千克
角　长：雄 25 ~ 55 厘米

择食灌丛和草本豆科植物的叶片及嫩草，亦食豆荚等果实

开阔的森林、稀疏草原中的灌丛及茂密的林地

亦称南非林羚。

雄性身体红棕色，颜色较深，体形较大，具长而直的角，正面看角略弯曲。雌性体色较浅，特别是头颈部颜色更浅，无角。雌雄身体多处均具白色斑块。

分布于非洲东部至南部地区。除乌干达西北部及肯尼亚东北部，东非地区全境可见。

南非薮羚在遇到人类或天敌时，常采取蹲卧隐蔽的策略。单独或成对活动。曾被认为是薮羚的亚种（*T. scriptus sylvaticus*），后被提升为独立物种。

75

紫林羚 *Tragelaphus eurycerus isaaci*
zǐ lín líng　Bongo

CR

雌

↔	头体长：170 ~ 250 厘米 肩　高：110 ~ 130 厘米 尾　长：45 ~ 65 厘米 体　重：雄 240 ~ 400 千克 　　　　雌 150 ~ 230 千克 角　长：75 ~ 100 厘米
🍎	叶片、嫩枝及草
🏠	海拔 2000 ~ 3000 米的山地森林

幼

亦称肯尼亚林羚、山地紫林羚、紫羚羊、广角羚、邦戈羚羊。

体形强健似牛，体侧具 10 ~ 16 道横纹（动物身体的竖直方向的纹，称为横纹；水平方向的纹，称为纵纹）。鼻吻部至上喉部黑色，唇部白色。颊部具两个叹号形白斑，下喉具一白色横斑。雌雄相似：雌性体呈红褐色，角较细，两角近乎平行；雄性体色偏黑棕，角更粗，螺旋更显著。

肯尼亚可见的紫林羚为山地紫林羚（*T. e. isaaci*），该亚种为肯尼亚特有亚种，分布于 4 个不相连的山地区域，包括肯尼亚山、阿布戴尔山的丛林之中；另外一个亚种低地紫林羚（*T. e. eurycerus*）分布于西非及刚果盆地，四肢相对短小，适于低地生活。

东蓝麂羚 *Philantomba aequatorialis*

dōng lán ní líng

Eastern Blue Duiker

LC

头体长：60～67 厘米
肩　高：31～38 厘米
尾　长：7～12 厘米
体　重：雄 3.9～5 千克
　　　　雌 4.2～6.5 千克
角　长：2～4.6 厘米

以植物的嫩芽、叶片及果实为主要食物，亦食昆虫

林地

亦称蓝小羚羊、麂（麂字之讹误）羚。

属于小型羚羊，体呈棕褐色，腹部淡棕色。额至鼻部色深。脸侧具一明显的黑色线状纹。

分布于非洲东部维多利亚湖沿岸至坦桑尼亚东部沿海地区。

原为蓝麂羚（*P. monticola*）的亚种（*P. m. aequatorialis*），现被提升为独立物种。

南小捻角羚 *Ammelaphus australis*
nán xiǎo niǎn jiǎo líng Southern Lesser Kudu

NT

雌

雄

↔	头体长：110 ~ 170 厘米
	肩　高：90 ~ 110 厘米
	尾　长：25 ~ 43 厘米
	体　重：56 ~ 105 千克
	角　长：69 ~ 90 厘米

🍎 以树叶为主要食物，偶食草叶及果实，很少饮水

🏠 干旱的具刺灌丛及林地

亦称小林羚、小弯角羚。

体呈灰色至灰棕色，成年雄性偏灰色，雌性偏红棕色，四肢均为红棕色。雌雄均具 11 ~ 12 条白色横纹。眼先、唇部、蹄上部前侧为白色，颈部具两块明显的白斑。雄性具角，随年龄增加，角形由直变弯，呈螺旋状；雌性无角。雄性颈背部、肩部具黑色或灰白色鬃毛。

仅分布于东非的肯尼亚东部和坦桑尼亚东北部，以及非洲之角地区。原为小捻角羚的亚种（*A. imberbis australis*），后被提升为独立物种。

肯尼亚长角羚 *Oryx gallarum*

kěn ní yà cháng jiǎo líng
Galla Oryx

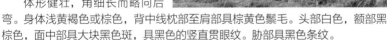

↔	头体长：平均 169 厘米 肩　高：110 ~ 120 厘米 尾　长：平均 46 厘米 体　重：雄 167 ~ 209 千克 　　　　雌 116 ~ 188 千克
🍎	草叶、树叶等
🏠	半干旱的矮草草原及灌丛地带

　　亦称直角长角羚、肯尼亚剑羚、长角羚、大羚羊。

　　体形健壮，角细长而略向后弯。身体浅黄褐色或棕色，背中线枕部至肩部具棕黄色鬃毛。头部白色，额部黑棕色，面中部具大块黑色斑，具黑色的竖直贯眼纹。胁部具黑色条纹。

　　分布于非洲东部。东非地区主要分布于肯尼亚东北部、乌干达东北部。

　　经常组成 6 ~ 40 头的群体，并以一头雌性为首领，带领群体活动，另一头主雄殿后、压阵。

穗耳长角羚 *Oryx callotis*

suì ěr cháng jiǎo líng　Fringe-eared Oryx

VU

| 头体长：153 ~ 170 厘米 |
| 肩　高：110 ~ 120 厘米 |
| 尾　长：45 ~ 50 厘米 |
| 体　重：雄 116 ~ 188 千克 |
| 　　　　雌 167 ~ 210 千克 |
| 角　长：76 ~ 81 厘米 |

草叶、树叶、芽及果实

干燥的开阔草原及半干旱的林地

亦称毛耳长角羚、剑羚。

体形健壮，角细长而略向后弯。身体浅黄褐色或棕色，背中线枕部至肩部具棕黄色鬃毛。头部白色，额部黑棕色，面中部具大块黑色斑，具黑色的竖直贯眼纹。胁部具黑色条纹，与肯尼亚长角羚相似，但胁部黑纹更宽，且耳端具黑色穗状毛。

东非地区主要分布于肯尼亚东南部及坦桑尼亚东北部。

原为东非长角羚的亚种（*O. beisa callotis*），现被提升至独立物种。

通常由 30 ~ 40 头组成一个群体，在雨季可见上百头的大群。

黑臀水羚 *Kobus ellipsiprymnus* LC

hēi tún shuǐ líng

Ellipse Waterbuck, Common Waterbuck, Ringed Waterbuck

雄

雌

头体长：180 ~ 220 厘米
肩　高：100 ~ 136 厘米
尾　长：33 ~ 45 厘米
体　重：雄 250 ~ 275 千克
　　　　雌 160 ~ 180 千克
角　长：79 ~ 92 厘米

草叶、芦苇及树叶

稀树草原中靠近水源的区域及沿河林地

亦称水羚、椭角水羚。

体形较大，且健壮。毛蓬松而粗糙，棕灰色。颈部鬃毛较长。口鼻周白色，具白色眉纹，臀周白色，椭圆形。雌性不具角。从正面看，雄性的角弧度平滑，接近半椭圆形。

分布于非洲东部至东南部地区，如肯尼亚东部及坦桑尼亚东部。

水羚原为 1 个物种，具 36 个亚种的分化，现被拆分成两个物种。

白臀水羚 *Kobus defassa*
bái tún shuǐ líng

Defassa Waterbuck

雌

雄

↔	头体长：175 ～ 235 厘米 肩　高：120 ～ 136 厘米 尾　长：33 ～ 40 厘米 体　重：雄 198 ～ 262 千克 　　　　雌 161 ～ 214 千克 角　长：75 ～ 84 厘米
🍎	以其他择食者很少取食的草叶为主要食物，偶食树木及灌丛的叶片
🏠	稀树草原、灌丛及林地靠近水源的区域

亦称水羚、叉角水羚。

与黑臀水羚相似，但臀部全为白色。雄性角先向侧上生长，后向上弯折延伸；从正面看，两角之间似叉状，不呈椭圆形。

分布于非洲的萨赫勒地区及非洲东部至东南部（黑臀水羚分布区以西）。东非地区主要分布于肯尼亚西部、坦桑尼亚西部、乌干达、卢旺达及布隆迪。

东非苇羚

dōng fēi wěi líng

Redunca bohor

Bohor Reedbuck

LC

雄

雌

↔	头体长：100 ~ 135 厘米
	肩　高：雄 75 ~ 89 厘米
	雌 69 ~ 76 厘米
	尾　长：18 ~ 20 厘米
	体　重：雄 43 ~ 55 千克
	雌 35 ~ 45 千克
	角　长：雄 25 ~ 35 厘米

🍎 啃食苞茅、黄茅及菅草等禾本科植物

🏠 河漫滩草地及林地

体形中等，身体金棕色，腹部淡褐色。雄性具角，基部较粗，具螺纹，1/2 处向前弯折，端部无螺纹而渐细。雌性无角，眼后、耳下处具一明显的黑色斑点。

仅分布于非洲东部及非洲之角。除肯尼亚东北部，东非地区全境可见。

常在夜晚觅食，食物匮乏时也在白天觅食。曾被认为是苇羚的亚种（*R. redunca bohor*），后被提升为独立物种。

83

马赛长颈鹿 *Giraffa tippelskirchi*

mǎ sài cháng jǐng lù

Masai Giraffe

罗氏长颈鹿

luó shì cháng jǐng

↔ 头体长：3.5～4.8米	站立身高：雄 3.9～5.2米	雌 3.5～4.7米
尾　长：76～110厘米	体　重：雄 1800～1930千克	雌 450～1180千克

　　通称长颈鹿；世界上最高的陆生动物。颈长，颈背具短鬃毛。四肢高而健壮。身体红棕色，但不同种的斑纹不尽相同。

　　马赛长颈鹿的主要鉴定特征为：斑纹边缘参差不齐，如同不规则的裂纹一般。主要分布于肯尼亚西南部及坦桑尼亚大部。

　　罗氏长颈鹿的主要鉴定特征为：斑纹边缘整齐，间距宽窄不一，为淡黄色。

网纹长颈鹿

Giraffa rothschildi
Rothschild's Giraffe

wǎng wén cháng jǐng lù

Giraffa reticulata **VU**
Reticulated Giraffe

以金合欢树的树叶为主要食物，亦食其他树木、灌丛的叶片或果实

稀树草原及开阔林地

四肢下部（解剖学上并不是小腿，相当于掌骨和跖骨）为白色，无斑纹，俗称"白袜子"。主要分布于肯尼亚西南部、乌干达北部及南苏丹南部。

网纹长颈鹿的主要鉴定特征为：斑纹间距相近，呈网状，为白色，十分清晰；斑纹延伸至四肢下部。主要分布于肯尼亚东北部、索马里西部及埃塞俄比亚南部。

河马
hé mǎ

Hippopotamus amphibius
Hippopotamus

VU 附录 II

↔	头体长：280 ~ 350 厘米 肩　高：130 ~ 165 厘米 尾　长：35 ~ 50 厘米 体　重：雄 650 ~ 3200 千克 　　　　雌 510 ~ 2500 千克
🍎	以狗牙根及黍草为主要食物， 也啃食其他低矮的草本植物
🏠	具水源的开阔草地

　　身体大而敦实，腿脚短而强健。耳、眼及鼻孔位于头部上侧，呈直线排列。口部巨大，具发达的门齿、犬齿；鼻吻部前侧平坦。尾短。

　　仅分布于非洲撒哈拉以南地区。东非地区全境可见。

　　河马常于夜晚在陆地的草地上一边行走，一边用宽阔的嘴唇取食草叶，每晚最多取食 60 千克的食物。

　　被认为是非洲最危险的动物之一。

银狓

yín hù

Otolemur monteiri

Silvery Greater Galago

LC 附录 II

头体长：35～40 厘米
尾　长：34～43 厘米
体　重：730～1814 克

以金合欢树的树胶、花和果实为主
要食物，亦食无脊椎动物，偶食小
型脊椎动物

沿河林地及其他林地

亦称银大婴猴。

体形较大，毛浓密，银灰色或黑
色。头大而圆，吻尖，耳郭椭圆，眼大，
虹膜棕红色，具棕黄色眼圈。

仅分布于肯尼亚西南部至坦桑尼
亚北部，即维多利亚湖东部至南部的
塞伦盖蒂 - 马赛马拉大草原内。

夜行性，树栖。白天在高大乔木
上和树洞内休息，夜晚出来觅食。

　　狓属（*Otolemur*）由婴猴属（*Galago*）分出，过去这一大类被称为婴猴、狓、
丛猴，我们倾向于将体形更大的 *Otolemur* 称为狓。

塞内加尔婴猴
sài nèi jiā ěr yīng hóu

Galago senegalensis
Senegal Galago, Lesser Bushbaby

 LC 附录 II

	头体长：13.2 ~ 21 厘米 尾　长：19.5 ~ 30 厘米 体　重：112 ~ 300 克
	树胶、果实、无脊椎动物（昆虫）等
	林地

　　亦称小婴猴、婴猴、狚、蓬尾丛猴。
　　体形较小而四肢修长。背部灰色或棕灰色，腹部黄色。
　　分布于非洲的萨赫勒地区至非洲东部地区。东非地区主要分布于肯尼亚西部、南部至坦桑尼亚北部。
　　夜行性，树栖。善于在树间快速敏捷地跳跃和移动。眼大，利于夜视；尾长，便于保持平衡。雌性有领地性，雄性游走于不同雌性的领地之间与之交配繁殖。

尔氏长尾猴
ěr shì cháng wěi hóu

Allochrocebus lhoesti
L'Hoest's Guenon, L'Hoest's Monkey

VU 附录 II

↔	头体长：雄 54 ~ 70 厘米 　　　雌 45 ~ 55 厘米 尾　长：雄 50 ~ 76 厘米 　　　雌 46 ~ 67 厘米 体　重：雄 6 ~ 10 千克 　　　雌 3 ~ 4.5 千克
🍎	以草叶、嫩叶、果实、种子、花及地 衣为主要食物，亦食昆虫、鸟卵等
🏠	各种林地，但更喜欢高海拔的原始 林、云雾林，偶见于农田

亦称高山长尾猴、弯钩长尾猴。

躯体皮毛黑色。背部棕红色，形似马鞍，边缘白色。颈部、喉部至颊部白色，头顶黑色。尾灰白色，端部黑色。

分布于刚果（金）、乌干达西南部、卢旺达及布隆迪。

曾隶属于长尾猴属 (*Cercopithecus*)。组成一雄多雌的小群。人工饲养条件下寿命可超过 30 岁。

丹氏长尾猴 *Cercopithecus denti*
dān shì cháng wěi hóu

Dent's Mona Monkey

LC 附录 II

↔	头体长：40～50 厘米 尾　长：68～90 厘米 体　重：雄 4.3～5.7 千克 　　　　雌 2.8～3.4 千克
🍎	植物的果实、嫩枝及昆虫
🏠	常绿林

　　体背及四肢外侧体毛灰棕色，基部灰色，腹部及四肢内侧白色。头部毛为黄褐色。眼周及鼻吻周裸出，呈蓝灰色。尾灰白色，后半段黑色。

　　分布于刚果（金）、刚果（布）、乌干达西部、卢旺达西北部以及中非。

　　曾为沃氏长尾猴（*C.wolfi*）的亚种。组成一雄多雌的家庭群，领地意识强，雌性也会为保卫领地而大打出手。

青长尾猴
qīng cháng wěi hóu

Cercopithecus mitis
Blue Monkey

LC 附录 II

↔	头体长：	雄 46 ~ 71 厘米 雌 39 ~ 53 厘米
	尾　长：	雄 60 ~ 95 厘米 雌 49 ~ 88 厘米
	体　重：	雄 5.9 ~ 9 千克 雌 2.7 ~ 5.5 千克

🍎 以植物果实为主要食物，亦食叶片、花、地衣及昆虫等

🏠 多种林地，包括河边林地、雨林、山林等

亦称青猴、蓝猴。

腹部及四肢体毛黑色，躯干青灰色，尾黑色。面部青黄色，鼻吻部白色，具白色一字眉。

分布于非洲东部和中部地区。东非地区主要分布于乌干达西部、卢旺达及布隆迪。

组成一雄多雌的家庭群，雌性具有攻击性，保卫领地。雄性之间经常会争夺妻妾群，一只雄性的后宫可多达 40 只雌性。

白喉长尾猴
bái hóu cháng wěi hóu

Cercopithecus albogularis

Sykes's Monkey, White-throated Monkey, Samango Monkey

LC 附录 II

头体长：雄 25 ~ 65 厘米
雌 20 ~ 65 厘米
尾　长：雄 31 ~ 95 厘米
雌 26 ~ 85 厘米
体　重：雄 2.7 ~ 11.1 千克
雌 1.3 ~ 6 千克

以植物的花、叶及果实为主要食物，偶食昆虫

河边林地、林间灌丛、稀树草原及花园

亦称白领长尾猴、赛氏长尾猴、斯氏长尾猴。

头部及背部橄榄灰色，四肢及尾黑色。领环白色，毛长。胡须、喉部及胸部白色。

分布于从埃塞俄比亚至南非的大部分地区。东非地区零散地分布于肯尼亚及坦桑尼亚。

该种有 12 个亚种，分布范围广泛。

本种英文 Sykes's Monkey 曾译为斯氏长尾猴，而另一种长尾猴（ *C. sclateri* ）的英文为 Sclater's Monkey；为便于区别，前者应译为赛氏长尾猴，后者应译为斯氏长尾猴。我们建议形态特征为优先名，也符合另一英文名的直译，即白喉长尾猴。

金背长尾猴 *Cercopithecus kandti*

jīn bèi cháng wěi hóu

Virungas Golden Monkey

头体长：57 ~ 65 厘米
尾　长：平均 79 厘米
体　重：雄 8 ~ 10 千克
　　　　雌 3.3 ~ 3.5 千克

以树叶，特别是竹叶为主要食物，亦食果实、花、树皮及昆虫

山地森林，特别是竹林附近

亦称金长尾猴、火山金背长尾猴。

躯干体毛棕黄色，四肢黑色。头部黑色，颊部及一字眉灰白色。尾基部棕黄色，中部淡黄色，端部黑色。

分布于非洲的刚果（金）东部。东非地区主要分布于乌干达西南部、卢旺达西北部。

该种数量稀少，对其行为研究甚少。已知组成群体通常约 30 只，也有记录最多 62 只。具有明显的日宿地（进食）和夜宿地（睡觉）。

曾被认为是青长尾猴（*C. mitis*）的亚种，后被提升为独立物种。

肯尼亚绿猴
kěn ní yà lù hóu

Chlorocebus pygerythrus
Kenya Vervet Monkey

LC 附录II

↔	头体长：雄 55 ~ 65 厘米 雌 38 ~ 62 厘米 尾　长：48 ~ 75 厘米 体　重：3.2 ~ 8 千克
🍎	植物的叶片、根、茎、果实、花及花蜜
🏠	稀树草原、林地、花园

亦称绿猴、翠猴、绿长尾猴。

身体灰绿色或绿褐色不等，尾较长。面部、手掌及脚掌裸出呈黑色，尾端黑色。雄性阴囊蓝色。

分布于非洲东部至南部地区。除乌干达西部，东非地区全境可见。

群居，每群 10 ~ 70 只。经常可见群内冲突，雄性之间好争斗。有等级序位，序位低者常为序位高者理毛。

肯尼亚绿猴群体间具有复杂的反捕食警戒交流，当不同捕食者接近时，它们会发出多达 30 种不同的鸣声。

最早曾归入长尾猴属（*Cercopithecus*），为绿长尾猴（*Ce. aethiops*）；后单列为绿猴属（*Chlorocebus*），为绿猴（*Ch. aethiops*）；现将该种拆分为至少 6 种，其中肯尼亚绿猴最常见，分布范围最广。

绿狒 *Papio anubis*
lǜ fèi
Olive Baboon, Anubis Baboon

头体长：50 ~ 114 厘米
雄 平均 100 厘米
雌 平均 75 厘米
肩　高：雄 平均 70 厘米
雌 平均 55 厘米
尾　长：45 ~ 71 厘米
体　重：雄 22 ~ 50 千克
雌 11 ~ 30 千克

在开阔生境以草叶为主要食物，在森林中以果实为主要食物，亦食无脊椎动物、小型脊椎动物及鸟卵

稀树草原、沙漠及雨林

　　亦称橄狒、橄榄狒、绿狒狒、草原狒狒、猎神狒狒、东非狒狒。

　　体形中等，身体橄榄棕色。脸部裸出呈深灰色，鼻孔突出。雄性颊部至肩部具扇形灰色颊毛。

　　分布于非洲的萨赫勒地区及非洲西部至东部。东非地区全境可见。

　　杂食，食物种类依生境而异。群居，每群 15 ~ 150 只，由若干只雄性、众多雌性和青少年个体组成，有较为严格的等级。有复杂的社会行为，通过不同的声音交流。雄性寿命可达 10 岁，雌性 7 ~ 8 岁。

黄狒
huáng fèi

Papio cynocephalus

Yellow Baboon

 LC 附录 II

头体长：雄 62 ~ 84 厘米
　　　　雌 55 ~ 68 厘米
尾　长：38 ~ 56 厘米
体　重：雄 18.6 ~ 30 千克
　　　　雌 9.1 ~ 16.8 千克

金合欢树的叶片、果实，以及草叶、根、苔藓、地衣及昆虫等

林地、干旱灌丛

亦称黄狒狒、普通狒狒、草原狒狒。

背部、四肢外侧及尾黄褐色，腹部及四肢内侧黄白色。头顶黄褐色，颊部及喉部黄白色，鼻吻部黑色。

广泛分布于非洲中南部至东部。东非地区分布于肯尼亚东南部及坦桑尼亚大部。

群居，每群 8 ~ 200 只，与绿狒的社会结构和行为近似，能够用至少10 种不同的声音进行交流。寿命最长纪录为 30 岁。

安哥拉疣猴
ān gē lā yóu hóu

Colobus angolensis
Angolan Black-and-white Colobus

LC 附录 II

↔	头体长：雄 55 ~ 66 厘米 　　　　雌 48 ~ 59 厘米 尾　长：雄 76 ~ 92 厘米 　　　　雌 63 ~ 76 厘米 体　重：雄 7.6 ~ 12.6 千克 　　　　雌 6.4 ~ 9.2 千克
🍎	植物叶片、花及果实等
🏠	多种林地，特别是雨林

躯体毛全黑色。头顶黑色，脸侧毛长，白色，面部裸出呈黑色。尾基部黑色，端部白色。

分布于肯尼亚东南部、坦桑尼亚东部和西部、乌干达、卢旺达、布隆迪西部，以及刚果盆地。

曾被叫作安哥拉黑白疣猴，但安哥拉并没有多少种群。群居，常组成一雄多雌群体，最多可组成300多只的临时大群。有较强领地性。

东黑白疣猴

dōng hēi bái yóu hóu

Colobus guereza

Eastern Black-and-white Colobus

LC 附录II

| 头体长：50 ~ 67 厘米
尾　长：63 ~ 90 厘米
体　重：8 ~ 15 千克 |
| 以植物的叶子为主要食物 |
| 河边林地及常绿林 |

亦称东非疣猴、东非黑白疣猴。

身体黑白两色，尾长。背部两侧及尾部具白色长毛。面部周围的毛为白色，头顶为黑色，具两个"智慧瘤"。面部裸出呈灰黑色。

分布于非洲赤道地区。东非地区主要分布于肯尼亚西部、坦桑尼亚北部及乌干达西部北部。

群居，为一雄多雌的家庭群，每群 3 ~ 15 只。雄性组成全雄群。

黑猩猩
hēi xīng xīng

Pan troglodytes
Chimpanzee

 EN 附录 I

↔	头体长：63 ~ 90 厘米 肩　高：100 ~ 179 厘米 尾　长：30 ~ 45 厘米 体　重：雄 26 ~ 40 千克 　　　　雌 27 ~ 50 千克
🍎	植物的果实、茎、叶和树皮，昆虫、鸟卵、雏鸟及小型哺乳动物等
🏠	雨林及其他林地

体格健壮。毛发长，黑色。面部及耳郭裸出呈黄褐色或黑色等。

分布于非洲西部至中部地区。东非地区主要分布于乌干达、卢旺达及布隆迪西部。

群居，每群 2 ~ 30 只，由雄性领导，但成年雌性地位较高。社会性复杂，智商高，善于制造和使用简单工具，甚至可以制造"武器"捕食婴猴。

东部大猩猩 *Gorilla beringei*

dōng bù dà xīng xīng Eastern Gorilla

CR 附录 I

↔	头 体 长：雄 101 ~ 120 厘米 站立高度：雄 159 ~ 196 厘米 　　　　　雌 130 ~ 150 厘米 体　　重：雄 120 ~ 209 千克 　　　　　雌 60 ~ 98 千克
🍎	以植物的果实、叶片和树皮等为主要食物，偶食蚂蚁等昆虫
🏠	发育成熟的或次生的低地及山地林

　　体形最大的灵长动物。头大，耳小而隐蔽于被毛间。周身被毛黑色，性二型明显，成年雄性背部银白色，体形约为雌性的两倍。

　　指名亚种，即山地大猩猩（*G. b. beringei*）分布于乌干达西南部及卢旺达西北部；东部低地大猩猩（*G. b. graueri*）分布于刚果（金）。

赤地松鼠 *Xerus rutilus* LC
chì dì sōng shǔ
Unstriped Ground Squirrel

头体长：平均 225 毫米
尾　长：平均 172 毫米
体　重：258 ~ 420 克
后　足：35 ~ 49 毫米
头骨长：24 ~ 25 毫米

以植物的叶片为主要食物，亦食没药属和金合欢属植物的种子，猴面包树的果实及昆虫等

干旱的稀树草原，热带或亚热带地区的灌丛地带

亦称东非干燥地松鼠。

身体棕色或茶褐色，头顶至臀部黑灰色。前额、体侧或胁部、四肢外侧为黄棕色。眼间、颊部至胸部、前肢前侧为明黄色。尾部背面黑色，腹面白色。全身均有不同程度的白色毛尖或混有白毛，眼上下白色明显。与其他非洲地松鼠相比，它们背部没有纵纹。

分布于肯尼亚、坦桑尼亚和乌干达，以及吉布提、厄立特里亚、埃塞尔比亚、索马里、南苏丹。

善于打洞，有较大的地下洞系。允许其他个体进入自己的洞穴，甚至其他种类的地松鼠。通过叫声、摆尾、身体的跳跃，可确定其雄性的等级关系或优势。

尼罗垄鼠 *Arvicanthis niloticus*

ní luó lǒng shǔ

African Grass Rat

 头体长：159～202毫米
尾　长：125～173毫米
体　重：48～258克
后足长：33～42毫米

草叶、茎、根及种子

稀树草原及灌丛，以及人类居所和农田

亦称非洲草鼠、尼罗草鼠。

体形中等，身体呈棕黄色、灰黑色不等。

广泛分布于非洲的萨赫勒地区及非洲东部地区。东非地区主要分布于肯尼亚西部、坦桑尼亚西北部、乌干达、卢旺达和布隆迪。

较为常见，但对其生态学研究较少。在6～11月繁殖，每年可生产3～4胎，每胎5～6仔。

斑草鼠
bān cǎo shǔ

Lemniscomys striatus
Typical Striped Grass Mouse

LC

头体长：93 ~ 142 毫米
尾　长：92 ~ 155 毫米
体　重：平均 42 克，可达 68 克

草叶、草籽及昆虫

稀树草原、次生林、开阔的干旱林地及花园、农田

亦称多斑纹草鼠。

背部深棕色，具纵行黑色条纹，腹部浅棕色。

广泛分布于非洲的萨赫勒地区及非洲东部地区。东非地区主要分布于肯尼亚西南部、坦桑尼亚北部及乌干达、卢旺达、布隆迪。

通常在白天活动。孕期 25 天，平均每胎 5 仔。寿命短，一般只有 2 岁，但人工饲养条件下可达 5 岁。

非洲草原兔
fēi zhōu cǎo yuán tù

Lepus microtis
African Savanna Hare

头体长：41 ~ 58 毫米
体　重：1.5 ~ 3 千克

以禾本科植物为主要食物，也吃植物的根、嫩芽、掉落的果实，甚至大型真菌

稀树草原

　　体形中等，灰色，杂有黑色、褐色和白色。耳后、颈部有明显的亮黄色，耳尖外侧黑色，眼周白色，虹膜橘黄色，颊部白色。尾部背面黑色，腹面白色。与南非兔（*L. capensis*）的显著区别在于非洲草原兔的门齿无沟槽。

　　分布于非洲西部、东部至南部。除肯尼亚北部和东部，东非地区全境可见。

　　独居或少数个体聚集在一起。夜行性。奔跑的速度可达每小时 70 千米。会取食自己排出的干便，以补充营养物质和益生菌。

鸟 纲
AVES

鸟纲（Aves），俗称鸟类，是仅次于哺乳纲的高等类群。鸟类的分布范围极为广泛，除极端环境以外，它们几乎占据了各处的陆地与天空。鸟类的适应性也很强，各种生态系统、生境（栖息地）均有。它们的体形和大小差异较大，行为较为复杂。所有鸟类的体表都有羽毛，羽毛起到了保护、保温作用，也为鸟类飞向蓝天提供了生理学基础。它们的体温恒定。所有种类均为卵生，胚胎外有羊膜。鸟类的前肢都演化为翼，但有些种类的翅膀已经退化，或有翅却不能飞翔。鸟类的骨骼轻而坚固，骨骼内多有空隙，内有空气。按照国际鸟类学家联合会（简称 IOU，旧称 IOC）公布的数据，目前世界上现生鸟类总计有 40 目 250 科 2320 属 10758 种，另有人类工业革命以来灭绝的鸟类 158 种；全部种和亚种为 20034 个。目前，已知东非的鸟类约有1500 余种。

普通鸵鸟
pǔ tōng tuó niǎo

Struthio camelus
Common Ostrich

LC

雄

雌

- ↔ 身高：平均 2.5 米
- 🍎 以草、种子及叶片为主要食物，亦食昆虫及小型脊椎动物
- 🏠 开阔的林地、稀树草原、荒漠及沙漠地区
- ⠿ 单独、集小群或集大群

亦称鸵鸟、非洲鸵鸟。

雄鸟羽毛黑色，尾端及翼端白色，头颈及腿粉色；雌鸟灰褐色，头颈与腿淡褐色。

仅分布于非洲。东非地区主要分布于肯尼亚西北部至坦桑尼亚南部。

索马里鸵鸟
suǒ mǎ lǐ tuó niǎo

Struthio molybdophanes
Somali Ostrich

VU

雄

雌

身高：平均 2.5 米

以草、种子及叶片为主要食物，亦食昆虫及小型脊椎动物

干旱、半干旱的草地，灌丛和开阔的林地

单独或成对，偶尔集群

亦称蓝颈鸵鸟。

雄鸟与普通鸵鸟相似，但头颈与腿为蓝灰色，繁殖季嘴及腓骨、跗骨前侧呈肉粉色。雌鸟与普通鸵鸟相似。

仅分布于东非大裂谷东支以东的非洲，主要在肯尼亚东北部。

索马里鸵鸟曾被认为是普通鸵鸟的一个亚种，但由于东非大裂谷长期的隔离导致二者产生并积累了足够多的差异，现已被提升为独立物种。

白脸树鸭 *Dendrocygna viduata*

bái liǎn shù yā

White-faced Whistling Duck

↔	38 ~ 48 厘米
🍎	草、种子和稻谷，水生无脊椎动物、软体动物、甲壳动物及昆虫
🏠	河流、湖泊、沼泽、三角洲、水库及稻田等
⊞	单独、成对、集小群或集大群

　　脸部至上喉白色，头后至颈后黑色，下喉至上胸栗色，腹中线至臀部黑色，胁部具棕白相间横纹。背部及肩部羽毛深棕色，羽缘色淡。

　　分布于非洲（含马达加斯加）及南美洲。东非地区全境可见。

茶色树鸭
chá sè shù yā
Dendrocygna bicolor
Fulvous Whistling-duck

↔ 45 ~ 53 厘米

草叶、植物嫩芽及果实

湖泊、湿润的草原及农田等

集小群至大群

亦称草黄树鸭。

头颈及下体黄褐色，喉部白色。胁部至臀部及腰部白色，翼羽棕黑色。

广泛分布于非洲（含马达加斯加），亚洲西南部、北美洲南部以及南美洲北部和东南部。除肯尼亚东北部，东非地区全境可见。

埃及雁 *Alopochen aegyptiaca*
āi jí yàn
Egyptian Goose

LC

↔	63 ~ 74 厘米
🍎	以植物叶片（草）、茎及种子为主要食物，亦食蠕虫等无脊椎动物
🏠	草地及多种湿地
▦	成对、以家庭为单位或集群

　　体棕黄色，上体色深而下体色淡。眼周及颈环深棕色，虹膜黄色，嘴及脚肉粉色。雌雄同型，但雌性个体较小。飞翔时可见黑色飞羽，与白色的翼覆羽对比明显。

　　仅分布于非洲，后被人为引入、扩散至欧洲部分国家。东非地区全境可见。

南非鸭 *Spatula hottentota*

nán fēi yā Hottentot Teal

↔ 30～36 厘米

🍎 水生无脊椎动物（甲壳动物、软体动物及昆虫等）及水生植物（种子、果实、根）

🏠 植被茂密的淡水沼泽、湖泊、池塘

▦ 成对、以家庭为单位或集群

　　额、头顶至头后棕黑色，翅、背深棕色，羽缘淡棕色，颊、喉、胸、腹、尾棕栗色，耳羽污白色，胸部杂以深棕色斑点。嘴铅灰色，眼黑色。飞翔时可见白色次级飞羽末端，绿色翼镜。雌鸟颊部色淡，近白色。

　　仅分布于非洲（含马达加斯加）。东非地区全境可见。

非洲黄嘴鸭 *Anas undulata*

fēi zhōu huáng zuǐ yā

African Yellow-billed Duck

LC

↔	51 ~ 63 厘米
🍎	水生植物的根、茎、叶、种子，水生的昆虫、甲壳动物、软体动物
🏠	淡水湖、沼泽、池塘及流速缓慢的河流等
▦	成对、以家庭为单位或集小群

　　体羽棕黑色，羽缘近白色，胸腹部色淡。飞翔时可见蓝绿色翼镜。嘴黄色，嘴甲及两个鼻孔间的区域为黑色。虹膜深棕色，脚橘黄色。

　　仅分布于非洲。东非地区全境可见。

琵嘴鸭

pí zuǐ yā

Anas clypeata

Northern Shoveler

↔	平均 51 厘米
🍎	以小型无脊椎动物为主要食物，亦食草籽及草叶
🏠	淡水或咸水湖、河流、沼泽等
▦	集小群至大群

　　雄鸟嘴端部扁平而宽阔，似琵琶，黑色。头部及上颈黑色，下颈、胸部白色。下体黄褐色，翼羽黑色，飞翔时可见绿色翼镜。雌鸟嘴型与雄鸟相似，黄黑色。

　　越冬于非洲、欧洲南部、亚洲东南部、北美洲南部及南美洲北部，繁殖于欧亚大陆中纬度地区及北美洲。除坦桑尼亚东南部（越冬地），东非地区全境可见。

绿翅灰斑鸭 *Anas capensis*
lǜ chì huī bān yā

Cape Teal

LC

左雄，右雌

↔ 41～48 厘米

🍎 水生的昆虫、虫蛹、软体动物、蝌蚪，植物的茎、叶、种子

🏠 常见于咸水池塘，偶见于淡水水域

▦ 成对、以家庭为单位或集小群，偶集大群

上体棕灰色，羽缘淡棕色。下体灰白色，具大块棕色斑点。嘴粉红色，嘴基黑色。头部灰色，杂以细密的棕色斑点。雌雄同型，雌鸟略小，嘴色较淡。飞翔时可见黑色初级飞羽、白色次级飞羽和绿色翼镜。

仅分布于非洲。东非地区主要分布于肯尼亚西部、南部至坦桑尼亚北部。

赤嘴鸭

chì zuǐ yā

Anas erythrorhyncha

Red-billed Teal

↔ 43～48 厘米

🍎 水生植物的种子、果实、根状茎、嫩叶，以及水生无脊椎动物

🏠 植被茂密的浅水湿地、湖泊

⠿ 成对、集小群或集大群

　　头顶至头后棕黑色，颊部白色，翅、背、尾棕色，羽缘淡棕色，胸腹部淡棕黄色，杂以棕色斑点。嘴粉红色，虹膜黑色。飞翔时可见黑色初级飞羽，白色次级飞羽，无翼镜。

　　仅分布于非洲（含马达加斯加）。除肯尼亚东北部、西北部及乌干达北部，东非地区全境可见。

盔顶珠鸡 *Numida meleagris*

kuī dǐng zhū jī
Helmeted Guineafowl

LC

成

↔ 53～63厘米

🍎 主要以植物的根、茎、花、果、种子及谷物，还有蝗虫、白蚁为食

🏠 草地、灌丛、林地及农田

⠿ 以家庭为单位或集大群

幼

亦称珍珠鸡、普通珠鸡。

头部至上颈裸出呈淡蓝色，头顶具骨质盔状突起，盔突黄褐色或淡粉色，喉部具淡粉色肉垂。体余部黑色，具细密的白色斑点。

广泛分布于非洲西部至东部，以及中南部至南部。除肯尼亚东部，东非地区全境可见。

鹫珠鸡
jiù zhū jī

Acryllium vulturinum
Vulturine Guineafowl

LC

↔	60 ~ 72 厘米
🍎	主要以植物的种子、叶片、果实、根及无脊椎动物为食
🏠	荒漠、半荒漠地带的灌丛和草地，常在地面觅食，有时会到灌丛或低矮的树枝上取食
⦙⦙	集小群或集大群

　　头颈裸出呈蓝色，头后皮肤呈红色。下颈、胸部及上背蓝色，具黑白相间的蓑羽。尾羽细长而下垂。

　　仅分布于东非大裂谷东支以东的非洲，如肯尼亚东部及坦桑尼亚东北部。

　　鹫珠鸡是体形最大的珠鸡，较其他珠鸡更倾向于选择干旱而开阔的生境。

栗顶鹧鸪 *Peliperdix coqui*
lì dǐng zhè gū
Coqui Francolin

LC

↔	20～28 厘米
🍎	植物的种子、嫩叶，蚂蚁、甲虫等昆虫
🏠	稀树草原及林间草地
⊞	成对或以家庭为单位

　　头颈栗棕色，下颈及下体具黑白相间的横纹，上体为斑驳的黑褐色。雌雄外形相似，但雌鸟有一条环绕喉部的黑色条纹，并向上延伸直达眼部。

　　仅分布于非洲。东非地区主要分布于肯尼亚南部、乌干达西南部、坦桑尼亚、卢旺达及布隆迪大部分地区。

凤头鹧鸪
fèng tóu zhè gū

Dendroperdix sephaena
Crested Francolin

LC

↔ 30 ~ 35 厘米

🍎 白蚁，植物的块根、种子及草叶

🏠 灌丛、林缘及农田

▦ 成对或以家庭为单位

　　身体褐色，上体色深，下体色淡，周身具斑驳的白色纵纹。头部黄褐色，眉纹及喉部白色，冠羽褐色。
　　仅分布于非洲。东非地区主要分布于肯尼亚、乌干达西北部及坦桑尼亚中东部。

鳞斑鹧鸪
lín bān zhè gū
Pternistis squamatus
Scaly Francolin

LC

 平均 31 厘米

植物的种子、果实及农作物，小型昆虫

林地

成对或集小群

体羽棕褐色，羽缘色淡，具鱼鳞状斑纹，翼羽无斑纹。嘴及脚红色，虹膜棕色。

仅分布于非洲。东非地区主要分布于肯尼亚西南部，坦桑尼亚东北部、中部和西部，乌干达、卢旺达及布隆迪大部。

黄颈鹧鸪

huáng jǐng zhè gū

Pternistis leucoscepus

Yellow-necked Francolin

LC

↔ 33 ~ 40 厘米

🍎 以莎草科植物的茎为主要食物，亦食其他草本植物的果实、种子，也会取食大象及犀牛粪便中未完全消化的食物残渣

🏠 干旱地区的灌丛或林间草地

▦ 成对或以家庭为单位

亦称黄颈裸喉鹧鸪。

身体褐色。前颈裸出呈黄色，眼周裸出呈橘红色，嘴黑色。上体棕色，具淡色条带；下体棕白相间。飞翔时可见淡棕色初级飞羽。雌雄同型，雄鸟略大。

仅分布于非洲。东非地区主要分布于乌干达东北部、肯尼亚大部及坦桑尼亚北部。

红喉鹧鸪 *Pternistis afer*
hóng hóu zhè gū

Red-necked Francolin

LC

↔ 33 ~ 38 厘米

🍎 植物的根、茎、嫩叶、果实及稻谷等，昆虫等无脊椎动物

🏠 灌丛、林间草地、林缘及耕地

▦ 成对或以家庭为单位

亦称裸喉鹧鸪。

身体褐色。与黄颈鹧鸪相似，但眼周及喉部裸出部分呈红色。嘴、腿、脚均为红色，虹膜黑色。雌雄同型，雄鸟略大。

仅分布于非洲。东非地区主要分布于卢旺达、布隆迪全境，乌干达西南部、坦桑尼亚西南部、肯尼亚西南部和东南部。

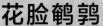

花脸鹌鹑
huā liǎn ān chún

Coturnix delegorguei
Harlequin Quail

平均 15 厘米

草籽及昆虫

草原及农田

单独

亦称丑鹌鹑。

头部大部分白色，具棕黑色的颊纹、须纹、贯眼纹和定侧纹，故名。雄鸟上体棕褐色，具淡色细纹；下体棕红色，具黑色条纹。雌鸟下体淡棕褐色。

分布于非洲（含马达加斯加）及亚洲的阿拉伯半岛。除肯尼亚东北部，东非地区全境可见。

小䴙䴘 *Tachybaptus ruficollis*
xiǎo pì tī Little Grebe

LC

左一、左二成，右一幼

↔ 25～29 厘米

🍎 主要以昆虫，尤其是昆虫幼虫为食，包括蜉蝣、缺翅虫的若虫及水蚤等，亦食小鱼、小虾等水生动物

🏠 小而浅至深而大的湖泊、池塘、河流等淡水或咸水水域

▦ 成对、以家庭为单位或集大群

外形似野鸭但嘴尖。繁殖季颊、喉及颈侧栗红色，头顶黑色，嘴黑色，嘴基部具一黄白色斑点；非繁殖季颊部及颈部淡棕黄色，嘴基部无黄斑。

广泛分布于非洲（含马达加斯加）、欧洲、亚洲及大洋洲的巴布亚新几内亚。除肯尼亚东北部及乌干达北部，东非地区全境可见。

大红鹳
dà hóng guàn

Phoenicopterus roseus
Greater Flamingo

 LC 附录 II

 120 ~ 145 厘米

藻类、水生无脊椎动物（环节动物、甲壳动物、软体动物、昆虫）、小鱼以及水生植物的种子或根茎等

富含营养物质且较浅的咸水湖、碱性湖泊及海岸潟湖

单独、集小群或集大群

俗称火烈鸟、大火烈鸟。

身体淡粉白色。嘴向下弯折，呈粉色，端部黑色。飞翔时可见黑色飞羽，覆羽深粉色，与淡粉色的身体形成鲜明对比。雌雄同型，但雌性个体较小。亚成体灰棕色，嘴淡灰色，端部黑色。

分布于非洲（含马达加斯加）、欧洲南部及亚洲中部。东非地区主要分布于肯尼亚西北部至坦桑尼亚南部一线，沿东非大裂谷分布。

小红鹳
xiǎo hóng guàn

Phoeniconaias minor
Lesser Flamingo

 NT 附录 II

游泳

↔	80 ~ 90 厘米
🍎	以蓝绿藻及硅藻为主要食物，亦食小型无脊椎动物
🏠	咸水湖
⠿	单独、集小群或集大群

俗称火烈鸟、小火烈鸟。

与大红鹳相似，但体形更小，体色更深。嘴基部为深橘红色，端部为黑色。

主要分布于非洲（含马达加斯加）。东非地区主要分布于肯尼亚西北部至坦桑尼亚南部一线，沿东非大裂谷分布。

红鹳目鸟类足具蹼，故可游泳。

黄嘴鹮鹳
huáng zuǐ huán guàn

Mycteria ibis
Yellow-billed Stork

成

亚成

↔ 95 ~ 108 厘米

🍎 以小型水生动物为主要食物，包括蠕虫、昆虫、软体动物、鱼类和蛙，偶食小型哺乳动物和鸟类

🏠 大面积的淡水或咸水水域，包括沼泽、河流、湖泊、水塘、稻田等

⊞ 单独或集小群

　　体白而嘴黄。脸及额部裸出呈粉色，眼褐色，腿粉色，嘴长直而端部略向下弯。飞翔时可见黑色的飞羽及尾羽。繁殖季羽色白中透粉。亚成体灰色，腿灰白色。

　　仅分布于非洲（含马达加斯加）。除肯尼亚东北部，东非地区全境可见。

非洲钳嘴鹳 *Anastomus lamelligerus*
fēi zhōu qián zuǐ guàn   African Open-bill

LC

↔	80 ~ 94 厘米
🍎	以蜗牛为主要食物，亦食蛙、鱼类及昆虫等水生动物
🏠	淡水沼泽、湿润草地、湖泊等
⊞	单独或集群

亚成

　　嘴粗壮而长直，因其中前部无法完全闭合，故名。体羽棕黑色，具紫绿色金属光泽。

　　仅分布于非洲（含马达加斯加）。东非地区全境可见。

　　在繁殖期可见较大群体，并集体筑巢，以便抵御天敌。

白腹鹳 *Ciconia abdimii*

bái fù guàn

Abdim's Stork

LC

↔ 75 ~ 81 厘米

🍎 以大型昆虫为主要食物，包括蝗虫、蟋蟀等，亦食其他节肢动物、软体动物、甲壳动物、蛙、蜥蜴、小鸟及啮齿动物

🏠 干旱地区的开阔草地及农田

▦ 集小群或集大群

　　体黑而腹白。体羽具蓝绿紫色金属光泽。嘴黄褐色，较其他鹳类更短。眼先及眼周、颏裸出呈橘黄色，颊部蓝色。飞翔时可见腹、臀及腰部白色。

　　分布于非洲及亚洲的阿拉伯半岛。东非地区全境可见。

非洲白颈鹳 *Ciconia microscelis*

fēi zhōu bái jǐng guàn

African Woollyneck

LC

↔	86～95厘米
🍎	以鱼类、蛙、软体动物、甲壳动物、大型昆虫为主要食物，亦食其他水生无脊椎动物
🏠	河流、湖泊、沼泽、河漫滩草地、海滨、红树林及农田等
⊞	单独、成对或集小群

亦称非洲绒颈鹳。

体黑而颈白。体羽具蓝绿紫色金属光泽，头颈白色，脸周灰白色。虹膜红色，嘴黑色，端部渐变为橘红色，腿灰黑色。飞翔时可见白色的腹、腰及尾部。

仅分布于非洲。除肯尼亚东北部，东非地区全境可见。

原为白颈鹳的非洲亚种（*C. episcopus microscelis*），现被提升为独立物种。

白鹳
bái guàn

Ciconia ciconia
White Stork

LC

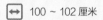

100 ~ 102 厘米

大型无脊椎动物及小型脊椎动物

草原、沼泽及耕地、稻田等

成对、集小群或集大群

亦称欧洲白鹳、西方白鹳。

身体黑白相间。体羽白色，仅飞羽黑色。嘴长直，红色。腿红色。

繁殖季分布于欧洲、亚洲西部及非洲北部。除肯尼亚东部，东非地区全境可见（越冬地）。

黑鹳 *Ciconia nigra*
hēi guàn
Black Stork

 155～215 厘米

小型鱼类、两栖动物、爬行动物、软体动物及蠕虫等

河流及池塘边缘，偶远离水源

单独、成对或集小群

体羽黑色，具金属光泽，仅腹部白色。嘴橘红色，眼黑色，眼周裸出呈橘红色，腿橘红色。

分布于非洲、亚洲及欧洲。东非大部分地区可见（越冬地）。

鞍嘴鹳
ān zuǐ guàn

Ephippiorhynchus senegalensis
Saddlebill

LC

中为大白鹭

雄

雌

↔ 142 ~ 150 厘米

🍎 以体长为 15 ~ 30 厘米的鱼为主要食物，亦食甲壳动物、蛙、爬行动物，以及小鸟、小型哺乳动物

🏠 河流、湖泊、沼泽及碱水湖等

▦ 单独或成对，偶集小群

亦称凹嘴鹳。

体黑白而嘴多色。嘴长直而略上翘，主体橘红色，中后段黑色，嘴基上部具黄色鞍状肉垫。上背及胸腹部白色，体余部黑色。飞翔时可见白色飞羽。雌雄同型，雄鸟略大，其虹膜为棕色，雌鸟虹膜为黄色。

仅分布于非洲。除肯尼亚东北部及乌干达北部，东非地区全境可见。

133

非洲秃鹳 *Leptoptilos crumeniferus*
fēi zhōu tū guàn
Marabou Stork

LC

↔ 115～152 厘米

🍎 以腐肉、人类垃圾及昆虫、鱼类、蛙、蛇类、蜥蜴、鸟类为食

🏠 开阔而干旱的稀树草原、河流、湖泊及城市等

▦ 单独、集小群或集大群

俗称垃圾鸟。

头颈裸出呈肉粉色，上体、尾羽及飞羽黑色，体余部白色。眼黑色，嘴灰黄色，腿灰白色。喉部及颈基部各具一囊，繁殖季可因充血而膨大，颜色变得鲜艳。雌雄同型，但雌鸟体形较小。天气晴好时常在高空翱翔。

仅分布于非洲。东非地区全境可见。

非洲白鹮
fēi zhōu bái huán

Threskiornis aethiopicus

African Sacred Ibis

LC

↔ 65 ~ 89 厘米

🍎 以昆虫为主要食物，亦食软体动物、鱼类、蛙、蜥蜴、鸟卵、小型哺乳动物等

🏠 各种湿地生境及草地、农田等

⊞ 单独、集小群或集大群

头黑而体白。头、颈裸出呈黑色，嘴、眼、腿黑色，体白色。亚成体颈部具白斑。飞翔时可见黑色飞羽末端。

主要分布于非洲和亚洲的伊拉克，另有逃逸种群分布于欧洲各国、中国台湾等。东非地区全境可见。

亦称圣鹮，在埃及神话中是智慧、文字、医药之神托特的化身，但埃及种群已灭绝。

噪鹮 *Bostrychia hagedash*

zào huán

Hadada Ibis

LC

↔ 65 ~ 76 厘米

🍎 以昆虫为主要食物，亦食软体动物，以及蛙、蜥蜴、蠕虫等

🏠 开阔的稀树草原、沼泽、农田、花园及湿润的林缘地带等

⁙ 成对或集小群

巢

亦称凤头鹮。

身体栗棕色。翼覆羽略具绿紫色光泽。嘴棕黑色，上嘴基部为橘黄色。与彩鹮最明显的区别是：嘴基部至脸颊具一白色条带；腿短而粗壮，飞翔时腿不超过尾。

仅分布于非洲。除肯尼亚北部及乌干达东北部，东非地区全境可见。

彩鹮
cǎi huán

Plegadis falcinellus
Glossy Ibis

 48.5 ~ 66 厘米

以昆虫为主要食物，亦食软体动物、甲壳动物，以及鱼类、蛙、蜥蜴、蛇类等小型脊椎动物

河流、湖泊、沼泽、稻田及湿润的草原等

单独、成对或集小群

　　与噪鹮相似，但身体更纤细，嘴、颈、腿更细长。与噪鹮最明显的区别是：上嘴基部不是橘黄色，飞翔时腿延伸超过尾。

　　分布于非洲（含马达加斯加）、亚洲、欧洲、大洋洲及中美洲。除肯尼亚东部及乌干达北部，东非地区全境可见。

非洲琵鹭 *Platalea alba*

fēi zhōu pí lù

African Spoonbill

↔ 90 ~ 91 厘米

以水生无脊椎动物和鱼类、蛙等为主要食物

大面积的淡水湿地，包括河流、沼泽、湖泊等，偶见于盐碱水域

单独、成对或集小群

亦称琵鹭。

身体白色。嘴扁平而末端膨大，呈琵琶形。成体嘴蓝灰色，略具粉色。面部裸出粉红色，腿粉红色，眼淡蓝色。飞翔时可见白色飞羽。亚成体嘴黄色，腿黑色。

仅分布于非洲（含马达加斯加）。除肯尼亚西北部及乌干达北部，东非地区全境可见。

夜鹭 *Nycticorax nycticorax*
yè lù
Black-crowned Night-heron

LC

成

亚成

56～65 厘米

以鱼类、蛙和昆虫，甚至蜥蜴、蛇类、小鸟等动物为食

淡水、咸水及碱水水体，包括小溪、河流、湖泊、池塘、沼泽等

单独、集小群或集大群

　　体形中等，矮胖，颈短。成鸟头顶及背部蓝黑色，体余部灰白色，繁殖季具2~3枚白色辫羽。虹膜红褐色。嘴端部黑色，基部黄色。脚黄色。亚成体棕黄色，背及翅上具白色斑点，腹部具棕黄相间的纵纹。

　　广泛分布于非洲（含马达加斯加）、欧洲、亚洲、北美洲和南美洲。除肯尼亚东北部及乌干达北部，东非地区全境可见。

绿鹭 *Butorides striata*
lǜ lù Striated Heron

↔	平均 40 厘米
🍎	以小鱼、蛙及水生昆虫为主要食物
🏠	植被茂密的河流、湖泊、沼泽等
⠿	单独

　　与夜鹭相似,但翼覆羽具白色网纹,头更小,嘴更细长。

　　广泛分布于非洲(含马达加斯加)、亚洲、北美洲和南美洲。东非地区全境可见。

小苇鳽 *Ixobrychus minutus*
xiǎo wěi yán
Little Bittern

LC

↔	27 ~ 38 厘米
🍎	鱼类、两栖动物、软体动物及昆虫
🏠	植被茂密的河流、湖泊等水域
⠿	单独

顶冠及上体蓝黑色，下体淡皮黄色至皮黄色。嘴黄色，上嘴上部蓝黑色，眼黑色，腿黄色。

广泛分布于非洲撒哈拉以南地区（含马达加斯加），及亚洲西部、欧洲。东非地区全境可见。

"鳽"和"鳽"实为两个不同的汉字，按照学术界传统，建议仍使用鳽，读音为yán。

白翅黄池鹭 *Ardeola ralloides*
bái chì huáng chí lù   Squacco Heron

LC

 42～47 厘米

以水生昆虫、体长小于 10 厘米的鱼及两栖动物为主要食物，亦食陆生昆虫及其他小型脊椎动物

植被茂密的淡水湿地，包括河流、湖泊、河道等，偶见于河口及滨海红树林

单独或集小群

亦称黄池鹭。

体棕黄色，飞翔时可见翅膀、腹部及尾部呈白色。繁殖季嘴蓝灰色，端部色深，头颈部具延长的黄黑色辫羽；非繁殖季嘴暗黄绿色，胸部具黑色纵纹。

分布于非洲（含马达加斯加）、欧洲西南部及亚洲西部。除肯尼亚东北部，东非地区全境可见。

苍鹭
cāng lù

Ardea cinerea
Grey Heron

LC

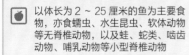

↔ 90～100 厘米

以体长为 2～25 厘米的鱼为主要食物，亦食蠕虫、水生昆虫、软体动物等无脊椎动物，以及蛙、蛇类、啮齿动物、哺乳动物等小型脊椎动物

淡水、咸水及碱水湿地，包括河流、湖泊、沼泽、稻田、鱼塘、海滨、红树林等

单独、成对或集小群

俗称长脖老等。

身体苍灰色。嘴橘黄色，腿黄褐色或灰褐色。头颈部色淡，眉纹黑色向后延伸，辫羽黑色，前颈至上胸具纵行黑色斑纹。飞翔时可见翼下为黑灰色。繁殖季颈部及胸部具蓑羽。

广泛分布于欧洲、亚洲及非洲（含马达加斯加）。除肯尼亚东北部，东非地区全境可见。

黑头鹭
hēi tóu lù

Ardea melanocephala

Black-headed Heron

LC

 92 ~ 96 厘米

以蠕虫、昆虫、软体动物等陆生无脊椎动物和鱼类、蛙、蜥蜴等小型脊椎动物为主要食物

草原、沼泽、河流、农田、耕地等，较其他鹭类更常利用干旱生境

单独或集群

与苍鹭相似，但体形更为苗条，羽色更深，头顶及后颈部的黑色与喉部、前颈部的白色对比明显。嘴黄色或黑褐色，下嘴基部及眼先黄色，腿黑色。飞翔时可见黑色飞羽，翼余部灰白色，对比明显。

仅分布于非洲。除肯尼亚东北部及乌干达北部，东非地区全境可见。

巨鹭

Ardea goliath

jù lù

Goliath Heron

↔ 135 ~ 152 厘米

🍎 以体长为 15 ~ 50 厘米的鱼为主要食物，亦食蛙、蜥蜴、蛇类、啮齿动物、蟹、虾及漂浮在水面上的腐肉

🏠 河流、湖泊、沼泽、河口、礁石及红树林

▦ 常单独或成对，偶集小群

　　体形最大的鹭。与草鹭相似，但颈侧不具黑色条纹，仅颈前及胸部（白色）具黑色纵纹。

　　主要分布于非洲，零星分布于亚洲西南部。除肯尼亚东北部，东非地区全境可见。

草鹭 *Ardea purpurea*

cǎo lù   Purple Heron

左为白翅黄池鹭，右为草鹭成鸟

↔	78～90厘米
🍎	以体长为2～15厘米的鱼为主要食物，亦食水生昆虫、甲壳动物、蛙、蜥蜴、蛇类及小型哺乳动物等
🏠	植被茂密的淡水沼泽、湖泊、河流、稻田、红树林等地
▦	单独

亚成

身体为棕灰色。与巨鹭相似，但体形较小，嘴相对更细长。背及翅灰色，颈前及胸部白色，颈侧至胸部具黑色条纹，头顶黑色，嘴及腿黄色。亚成体翅膀棕灰色，颈部具不连续的黑色斑纹。

仅分布于非洲（含马达加斯加）及亚洲。除肯尼亚东北部及乌干达北部，东非地区全境可见。

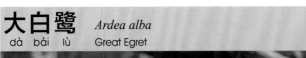

大白鹭
dà bái lù

Ardea alba
Great Egret

LC

↔ 80 ~ 104 厘米

🍎 昆虫、软体动物和鱼类、蛙、蜥蜴、蛇类、小鸟及小型哺乳动物等

🏠 河流、湖泊、鱼塘、红树林等各种湿地

⋮⋮⋮ 单独或集小群

　　身体白色，体形较大。嘴裂止于眼后，颈部具特别的扭结。繁殖季肩背部具披散的蓑羽，嘴黑色，眼先蓝绿色，腿及脚黑色；非繁殖季嘴及眼先黄色。

　　广泛分布于非洲（含马达加斯加）、欧洲、亚洲、大洋洲、北美洲和南美洲。东非地区全境可见。

中白鹭
zhōng bái lù

Ardea intermedia
Intermediate Egret

LC

↔ 56～72 厘米

🍎 与小白鹭相似

🏠 水生植被丰富的淡水湿地，包括河流、沼泽、稻田

▦ 单独、成对或集小群活动，也与其他鹭类混群

　　身体白色，体形大小介于大白鹭与小白鹭之间。虹膜黄色，眼先黄绿色，嘴裂止于眼下，腿及脚黑色。繁殖季颈前及背部具蓑羽；非繁殖季无蓑羽，端部黑色。分布于非洲、亚洲南部及大洋洲。除肯尼亚东北部，东非地区全境可见。

小白鹭 *Egretta garzetta*
xiǎo bái lù　Little Egret

 55 ~ 65 厘米

以体重小于 20 克或体长小于 10 厘米的鱼为主要食物，亦食昆虫、软体动物和两栖动物

淡水、咸水及碱水湿地，包括河流、湖泊、沼泽、稻田、鱼塘及红树林等

单独或集小群

　　身体白色，体形较小。腿黑色，脚明黄色，界限分明。嘴黑色，眼先蓝灰色、黄色、黄绿色或粉红色。繁殖季背和颈前具蓑羽。

　　广泛分布于非洲（含马达加斯加）、欧洲、亚洲及大洋洲。除肯尼亚东北部，东非地区全境可见。

牛背鹭

niú bèi lù

Bubulcus ibis

Cattle Egret

LC

繁殖羽

↔	46 ～ 56 厘米
🍎	以昆虫为主要食物，偶食两栖动物及爬行动物
🏠	开阔的草原、淡水沼泽及稻田
⚏	单独或集群，常活动于大型哺乳动物周围

非繁殖羽

　　身体白而嘴黄。繁殖季头顶、胸部及背部橘黄色，嘴及眼先橘黄色，腿黄色。
　　广泛分布于非洲（含马达加斯加）、亚洲、北美洲和南美洲。东非地区全境可见。

黑鹭 *Egretta ardesiaca*
hēi lù Black Heron

↔ 平均 51 厘米

🍎 以小鱼为主要食物，亦食软体动物、两栖动物及水生昆虫

🏠 沼泽、湖泊边缘及开阔的潮间带

▦ 单独或集小群

　　身体黑色，体形中等。嘴、虹膜及腿黑色，脚黄色。

　　仅分布于非洲（含马达加斯加）。除乌干达北部、肯尼亚西北部和东北部，广泛分布于东非大部分地区。

　　黑鹭觅食时有一种典型的行为，将双翅展开、围拢，制造阴影，以便观察和吸引鱼类等猎物。

锤头鹳
chuí tóu guàn

Scopus umbretta
Hamerkop, Hammerhead Stork

LC

↔	50 ~ 56 厘米
🍎	蠕虫、昆虫、软体动物、鱼类和两栖动物
🏠	淡水湿地，包括河流、湖泊、鱼塘、沼泽等
⊞	单独、成对或集群

巢

身体棕色，冠羽明显，与头部及蓝灰色的嘴形成类似锤子的形状，故名。

仅分布于非洲（含马达加斯加）。东非地区全境可见。

锤头鹳在树上夜宿和繁殖，其巨大的巢直径可达 2 米，修筑于树木或岩石之上，由卵室、幼鸟室和瞭望室构成。

白鹈鹕
bái tí hú

Pelecanus onocrotalus
Great White Pelican

LC

左一亚成，余三成

↔ 140 ~ 180 厘米

🍎 以体重为 300 ~ 600 克的鱼为主要食物，常合作捕食

🏠 淡水、咸水及碱水湿地，包括湖泊、河流三角洲及沼泽等

▦ 单独、集小群或集大群

嘴长而粗壮。体羽白色，眼周裸出呈肉粉色。上嘴蓝灰色，端部粉色，下嘴及喉囊黄色；非繁殖季嘴色较暗。雌雄同型，但雌鸟较小。幼鸟体色呈暗淡的棕灰色。飞翔时可见黑色飞羽，与其他部分对比明显。

广泛分布于非洲，零散地分布于欧洲及亚洲。除肯尼亚东北部，东非地区全境可见。

153

粉背鹈鹕 *Pelecanus rufescens*
fěn bèi tí hú
Pink-backed Pelican

LC

↔ 125 ~ 155 厘米

🍎 以体重为 80 ~ 290 克的鱼为主要食物，偏好罗非鱼等丽鱼

🏠 淡水或咸水湿地，包括湖泊、沼泽、河流及海湾等

▦ 单独、成对或集小群

亦称粉红背鹈鹕。

与白鹈鹕相比，体形较小、体色偏灰，但具明显冠羽。眼周裸出呈黄色，眼先黑色。嘴及喉囊整体呈淡肉粉色。飞翔时可见灰黑色初级飞羽，灰白色二级飞羽及三级飞羽，飞羽与身体其他部分的颜色对比不如白鹈鹕明显。背部呈淡粉色。

仅分布于非洲。除肯尼亚东北部，东非地区全境可见。

普通鸬鹚
pǔ tōng lú cí

Phalacrocorax carbo
Common Cormorant, Great Cormorant

↔ 80 ~ 100 厘米

以鱼为主要食物，亦食甲壳动物、软体动物、两栖动物及雏鸟等

开阔的淡水、咸水及碱水水域

单独、集小群或集大群

亦称鸬鹚。

体羽黑色，具蓝绿色金属光泽。颊至喉部白色，喉部及胸部白色或黑色，腿侧具白斑。嘴灰白色，喉囊橙黄色，上嘴端部具向下弯钩。虹膜蓝绿色。

广泛分布于非洲、欧洲、亚洲、大洋洲及北美洲。除肯尼亚东部及坦桑尼亚东部，东非地区全境可见。

长尾鸬鹚 *Microcarbo africanus*
chángwěi lú cí
Long-tailed Cormorant, Reed Cormorant

↔	50 ~ 60 厘米
🍎	以体长小于 20 厘米的鱼为主要食物，亦食昆虫、甲壳动物、软体动物及两栖动物等
🏠	与普通鸬鹚相似，但更偏好较浅水域
⠿	单独、集小群或集大群

　　体形比普通鸬鹚小，但尾更长。眼红色，眼周裸出呈黄色，嘴及喉囊黄色。繁殖季体羽黑色，具绿色金属光泽，冠羽短，具细的白色眉纹；非繁殖季体色灰黑，不具冠羽，颊及喉灰白色。

　　仅分布于非洲（含马达加斯加）。除肯尼亚西北部及乌干达北部，东非地区全境可见。

红蛇鹈 *Anhinga rufa*
hóng shé tí African Darter

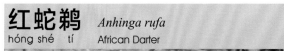

↔	平均 79 厘米
🍎	以鱼为主要食物，亦食蛙、昆虫等动物
🏠	淡水、咸水或碱水水域
⁙	单独、成对或集群

体形与普通鸬鹚相似，但颈部更长，栖止时弯曲。体羽棕黑色，喉部棕红色，具白色须纹。嘴长直而细尖，灰白色。眼黑色，脚黑色或深橘红色。

仅分布于非洲（含马达加斯加）。除肯尼亚东北部，东非地区全境可见。

蛇鹫
shé jiù

Sagittarius serpentarius
Secretary Bird

VU

巢

↔ 125～150 厘米

以节肢动物为主要食物，尤其喜食蝗虫和甲虫，亦食蛙、蜥蜴、龟、小鸟甚至毒蛇等小型脊椎动物

稀树草原、灌丛及林间草地

单独、成对或以家庭为单位

亦称鹭鹰、秘书鸟。

体灰色，飞羽黑色，冠羽黑灰色。飞翔时可见外侧尾羽较短而呈黑色，中央尾羽特长而呈灰色，端部黑色，腰部白色。腿细长，肉粉色，基部（胫跗骨）被羽黑色。面部裸出呈橘红色，眼黑色。嘴较厚，铅灰色，端部具钩。雌雄同型，雌鸟略小。亚成体体色偏棕，面部裸出呈黄色。

仅分布于非洲。东非地区全境可见。

非洲鬣鹰
fēi zhōu liè yīng

Polyboroides typus
African Harrier Hawk

LC

亚成

↔	平均 26 厘米
🍎	以小型动物为主要食物，包括雏鸟及鸟卵，还有蝙蝠、蜥蜴及昆虫等
🏠	林缘、沿河林地、草原及农田
⊞	单独或成对

亦称猎鹰。

体羽灰色，下胸至臀部具细密的灰白相间的横纹。飞翔时可见翼下呈灰色，前缘具细密的灰白相间的横纹，飞羽末端黑色较宽，次末端白色较窄。尾羽黑色，中部具一宽阔的白色横斑。眼黑色，眼周裸出呈黄色。嘴基部黄色，端部黑色。脚黄色。

仅分布于非洲。除肯尼亚东北部，东非地区全境可见。

棕榈鹫 *Gypohierax angolensis*

zōng lú jiù　Palm-nut Vulture

LC

↔	平均60厘米
🍎	以油棕榈的果实为主要食物，亦食蟹类、软体动物、鱼类、两栖动物及小型哺乳动物
🏠	油棕榈林及沿河林地
▦	单独或成对

身体黑白相间。仅初级飞羽末端，二级飞羽、三级飞羽及尾羽为黑色（尾羽末端白色）。眼周裸出呈粉色，蜡膜黄色，嘴石板灰色，脚粉色。

仅分布于非洲。东非地区全境可见。

冠兀鹫
guān wù jiù

Necrosyrtes monachus
Hooded Vulture

CR

 62 ~ 72 厘米

腐肉、小型昆虫及垃圾

干旱的草原、沿海地区及城镇

单独或集小群

亦称头巾兀鹫。
身体深棕色。头颈部前侧裸出呈粉白色，后侧具灰白色短羽。嘴细长，棕灰色。
仅分布于非洲。东非地区全境可见。

非洲白背兀鹫
fēi zhōu bái bèi wù jiù

Gyps africanus
African White-backed Vulture

成

↔ 94 ~ 98 厘米

🍎 大型哺乳动物的腐肉及骨骼

🏠 开阔的林地及稀树草原

▦ 集小群或集大群，常与其他兀鹫混群

　　头部棕黑色，颈部灰白色，上背白色。飞翔时可见翼下覆羽为白色，飞羽呈棕黑色。嘴、眼、脚深棕黑色。亚成体颈基及上背为棕色。

　　仅分布于非洲。东非地区全境可见。

黑白兀鹫
hēi bái wù jiù

Gyps rueppellii
Rueppell's Vulture

CR

↔ 101 ~ 104 厘米

🍎 大型哺乳动物的腐肉及骨骼

🏠 开阔的稀树草原

⊞ 集群活动，常与其他兀鹫混群

　　上体棕黑色，羽缘白色，飞羽及翼覆羽棕黑色。下体淡棕色，具棕色斑点。嘴端及虹膜黄色。飞行时可见翼下前缘具较窄的白色条带。亚成体似非洲白背兀鹫，但颈部颜色更深。

　　仅分布于非洲。坦桑尼亚中部以北的东非大部分地区均有分布。

白头秃鹫 *Trigonoceps occipitalis*
bái tóu tū jiù
White-headed Vulture

CR

雌

⟷	72 ~ 85 厘米
🍎	哺乳动物的腐肉及骨骼，火烈鸟的鸟卵及雏鸟等
🏠	干旱地区的林地、灌丛及稀树草原
▦	单独或成对，偶集小群

雄

亦称白头鹫。

脸及喉部裸出呈粉色，头顶及头后羽毛白色。嘴基部蓝灰色，端部橘红色。脚橘红色。飞羽棕黑色，腹部、臀部白色，二级飞羽及三级飞羽黑色（雌鸟三级飞羽全白色），基部白色，形成一白色横纹。

仅分布于非洲。零散地分布于东非大部分地区。

皱脸秃鹫 *Torgos tracheliotos*
zhòu liǎn tū jiù Lappet-faced Vulture

↔	平均 115 厘米
🍖	以动物尸体的皮肤、腐肉及骨骼为主要食物，偶尔捕杀小型动物，抢夺或捡食其他食肉动物捕获的猎物
🏠	开阔的稀树草原、半荒漠及沙漠
⠿	单独或成对

亦称肉垂秃鹫。

头颈裸出呈粉色，具褶皱。嘴黄色，厚而侧扁，近方形。飞翔时可见胸腹部的纵行白色条纹。翼下前缘具白色横带。胫跗被覆白色羽毛。

分布于非洲及亚洲的阿拉伯半岛。零散地分布于东非大部分地区。

黑胸短趾雕 *Circaetus pectoralis*

hēi xiōng duǎn zhǐ diāo

Black-chested Snake-eagle

LC

↔ 63 ~ 71 厘米

🍎 以蛇类和蜥蜴为主要食物，亦食小型啮齿动物、节肢动物及小鸟、蛙、鱼类、蝙蝠

🏠 稀树草原、荒漠及林中空地

⠿ 单独

胸部、头部及上体棕黑色，腹部至臀部白色。翼下为白色，具横行黑色条纹；尾白色，具三道黑色横纹。虹膜黄色。嘴铅灰色，端部黑色。脚铅灰色。

仅分布于非洲。东非地区全境可见。

褐短趾雕

hè duǎn zhǐ diāo

Circaetus cinereus
Brown Snake Eagle

LC

↔	71 ~ 78 厘米
🍎	以蛇类、蜥蜴，鸡形目的珠鸡、鹧鸪及家鸡为主要食物
🏠	开阔的林地、灌丛及稀树草原
▦	单独或成对

亦称灰短趾雕。

与黑胸短趾雕相似，但腹部不为白色，体色更深。嘴铅灰色，端部黑色。虹膜黄色，脚灰白色。飞羽和腹部为白色，背部褐色。方尾型，背面及腹面均具三道白色横纹，末端边缘白色。

仅分布于非洲。东非地区全境可见。

短尾雕 *Terathopius ecaudatus*
duǎn wěi diāo　Bateleur

↔ 55 ~ 70 厘米

🍎 以小型哺乳动物、鸟类为主要食物，亦食爬行动物、鱼类、鸟卵、昆虫及腐肉等

🏠 开阔的林地及稀树草原

▦ 单独或成对

　　体形敦实而尾短。脸部裸出呈橘红色；嘴橘红色，端部黑色；脚橘红色。雄鸟肩羽灰褐色，背及尾羽红褐色，偶见背羽为白色的个体；雌鸟初级飞羽中段为灰色。飞行时可见腿长略超过尾长。

　　分布于非洲及亚洲的阿拉伯半岛西部。东非地区全境可见。

猛雕 *Polemaetus bellicosus*
měng diāo　Martial Eagle

VU

亚成

↔ 78 ~ 96 厘米

🍎 小型哺乳动物、鸟类及蜥蜴等，包括兔、蹄兔、犬羚、珠鸡、巨蜥、灵长类等

🏠 灌丛、林间草地及半干旱地区

▦ 单独或成对

　　成体上体棕灰色，下体灰白色且具棕黑色斑点。虹膜黄色，嘴及脚灰色。亚成体上体浅棕灰色，羽缘白色。

　　仅分布于非洲西部至东部，以及中南部至南部。东非地区全境可见。

长冠鹰雕 *Lophaetus occipitalis*
cháng guān yīng diāo
Long-crested Eagle

LC

↔	50 ~ 58 厘米
🍎	以小型啮齿动物、鼩鼱等为主要食物，亦食节肢动物、蜥蜴及鱼类
🏠	开阔的林地、林缘及草地
⠿	单独

亦称长冠雕。

体棕黑色，冠羽较长。虹膜黄色，嘴黄色，端部灰黑色。腿黄色，脚黄色。初级飞羽白色，其端部黑色，次级飞羽、三级飞羽及尾羽具棕白相间的横纹。

仅分布于非洲。除肯尼亚东北部，东非地区全境可见。

艾氏隼雕 *Hieraaetus ayresii*
ài shì sǔn diāo
Ayres's Hawk-eagle

LC

 19～23厘米

以无脊椎动物为主要食物，亦食小鱼、蛙、鸟卵、腐肉及植物种子

浮水植物茂密的湖泊或池塘

成对或集小群

亦称黑隼雕。

体羽全黑色，嘴黄绿色，虹膜及腿红色。胸部具纵行黑色条纹。飞翔时可见翅下覆羽黑白斑驳，飞羽白色，端部黑色。

仅分布于非洲。除肯尼亚东北部，东非地区全境可见。

非洲隼雕

fēi zhōu sǔn diāo

Aquila spilogaster

African Hawk-eagle

LC

↔	55～66 厘米
🍎	以鹧鸪、珠鸡等大中型鸟类为主要食物，亦食小型鸟类及蛇类、蜥蜴等
🏠	开阔林地、稀树草原、灌丛及农田
▦	成对

　　上体黑色，下体白色，胸部及胁部具纵行黑纹。翼下覆羽白色，具细密的黑色纵纹；飞羽白色，飞羽末缘黑色；尾羽白色，具横行黑纹，末端具黑色宽带；翼上覆羽黑色；二级飞羽黑灰色；初级飞羽白色，末缘黑色，形成一大块白斑。

　　仅分布于非洲。东非地区全境可见。

茶色雕
chá sè diāo

Aquila rapax
Tawny Eagle

VU

雄：平均 80 厘米
雌：60 ~ 75 厘米

以哺乳动物、鸟类及蜥蜴为主要食物，亦食腐肉、昆虫、两栖动物及鱼类

稀树草原、荒漠及开阔的林地

单独、成对或集小群

　　体羽黄褐色，飞羽及尾深褐色，飞翔时可见尾羽末端较平。嘴基部黄色，端部灰黑色。脚黄色。嘴裂向后延伸仅至眼下。

　　分布于非洲及亚洲西南部。东非地区全境可见。

草原雕 *Aquila nipalensis*
cǎo yuán diāo Steppe Eagle

↔	60～81 厘米
🍎	以啮齿动物等小型哺乳动物为主要食物，亦食鸟类、爬行动物及昆虫
🏠	稀树草原及半荒漠地区
▦	单独、成对或集小群

与茶色雕相似，但嘴裂向后延伸过眼，飞翔时可见尾形较圆。

越冬于非洲，以及亚洲的阿拉伯半岛和亚洲南部，繁殖于欧亚大陆大草原。东非地区全境可见（越冬地）。

灰歌鹰

huī gē yīng

Melierax poliopterus

Eastern Chanting-goshawk, Gray Chanting Goshawk

	雄：45～55 厘米 雌：平均 61 厘米
	以蜥蜴、蛇类、鸟类、啮齿动物及大型甲虫为主要食物，偶食腐肉
	干旱地区的林地及稀树草原
	单独或成对

亦称东歌鹰。

胸、腹、臀淡灰色，具细密的灰色横纹。嘴黄色，端部黑色。虹膜黑色。腿橘黄色。飞翔时可见其白色腰部。尾羽背面黑色，两侧各具三个白色斑点。翅膀腹面灰白色，初级飞羽黑色。雌雄同型，但雌鸟体形略大。

仅分布于非洲东部，主要在乌干达北部、坦桑尼亚东北部，以及肯尼亚北部和东部。

暗色歌鹰 *Melierax metabates*
àn sè gē yīng
Dark Chanting Goshawk, Chanting Goshawk

↔	雄：42 ~ 50 厘米 雌：平均 56 厘米
🍎	与灰歌鹰相似
🏠	与灰歌鹰相似，但偏好更湿润的生境
⸬	单独或成对

亦称歌鹰。

与灰歌鹰相似，但嘴及腿橘红色，体色更深。飞翔时可见白色腰部，具细密的黑色横纹。

仅分布于非洲。东非地区主要分布于乌干达中部、肯尼亚西南部至坦桑尼亚西部和南部。

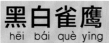

黑白雀鹰 *Accipiter melanoleucus*

hēi bái què yīng　Black Sparrowhawk

LC

40 ~ 58 厘米

以体重为 80 ~ 300 克的鸟类为主要食物，包括斑鸠、鹧鸪，亦食小型哺乳动物、蛇类及家禽，甚至是其他猛禽

林地

单独

亦称黑鹰。

具两种色型：普通色型喉部、胸部、腹部及臀部为白色，体余部为黑色；黑色型仅喉部为白色，体余部皆黑色。无论哪种色型，飞羽腹面均为灰白色，具横行棕黑色条纹。亚成体为棕褐色，胸腹部具黑色纵纹。

仅分布于非洲。东非地区分布于卢旺达、布隆迪全境，乌干达南部、肯尼亚南部，肯尼亚北部和东部。

177

非洲泽鹞 *Circus ranivorus*

fēi zhōu zé yào

African Marsh-harrier

LC

↔	44 ~ 50 厘米
🍎	以小型啮齿动物、鸟类（包括小型野鸭、雏鸟）、鸟卵、蛙、昆虫为主要食物，偶食腐肉、蜥蜴和鱼
🏠	沼泽及毗邻的草地、农田
⬚	单独或成对

　　身体棕褐色，上体色深，下体色淡。头颈部淡棕色，耳羽棕黑色，后缘白色边界明显。腿较长，黄色，胫跗骨被覆栗色羽毛。飞翔时可见棕黑色飞羽，均具深色条纹。

　　仅分布于非洲。广泛分布于乌干达南部、肯尼亚南部和东非其他国家。

黑鸢
hēi yuān

Milvus migrans
Black Kite

LC

 44 ~ 66 厘米

各种无脊椎动物、小型脊椎动物及动物尸体

半荒漠地区、草原、森林等，靠近水源，亦在垃圾堆附近觅食

单独或集群

　　体羽深褐色，尾长。嘴基部黄色，端部黑色。脚黄色。飞行时可见初级飞羽基部色淡。尾长而窄，呈浅叉状。

　　广泛分布于欧洲、亚洲及非洲（含马达加斯加）。东非地区全境可见，在城市里较常见。

　　也有人将黑鸢的一个亚种视为独立种，即本种应为黄嘴鸢（*M. aegyptius*）。

黑翅鸢
hēi chì yuān
Elanus caeruleus
Black-winged Kite

LC

↔	平均 35 厘米
🍎	大型昆虫、蛙、蜥蜴、啮齿动物及小型蛇类
🏠	潮湿而开阔的草地、灌丛及林地
▦	单独或成对，偶集小群

悬停

　　体羽灰白色，肩羽黑色，飞翔时可见初级飞羽为黑色。嘴铅灰色，蜡膜黄色，眼棕红色。脚黄色。

　　分布于非洲、欧洲西南部及亚洲南部。东非地区全境可见。

　　在草原上，常见其悬停，并观察猎物的行为。

非洲海雕 *Haliaeetus vocifer*

fēi zhōu hǎi diāo
African Fish Eagle

LC

亚成

↔ 63 ~ 75 厘米

以体重为 200 ~ 1000 克的鱼为主要食物，亦食昆虫、蛙、蜥蜴、水鸟、哺乳动物及腐肉

开阔的淡水、咸水和碱水湿地，包括河流、湖泊、沼泽、水库等

成对

亦称吼海雕、非洲鱼雕、非洲渔雕。

头、胸、上背、腰及尾羽白色，飞羽黑色，肩、翼下覆羽及腹部栗色。嘴基部黄色，端部黑色。虹膜黑色，脚黄色。飞翔时可见翼宽而尾短。雌雄同型，雌鸟略大。亚成体体羽棕色与灰白色相间，体羽完全变成成鸟状态需5年。

仅分布于非洲。除肯尼亚北部，东非地区全境可见。

非洲鵟 *Buteo augur*
fēi zhōu kuáng　Augur Buzzard

 48 ~ 60 厘米

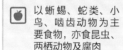 以蜥蜴、蛇类、小鸟、啮齿动物为主要食物，亦食昆虫、两栖动物及腐肉

🏠 稀树草原、山地和丘陵地带

▦ 单独或成对

亦称暗棕鵟。

上体黑色，下体白色，尾羽红褐色。飞翔时可见白色飞羽，其末端为黑色。亦存在黑色型及棕色型个体，前者下体呈黑色或暗色，后者下体呈棕红色。在东非地区，黑色型及棕色型个体的数量约占总数的 10% ~ 25%。

仅分布于非洲。除肯尼亚东部，东非地区全境可见。

灰颈鸨
hūi jǐng bǎo

Ardeotis kori
Kori Bustard

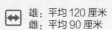

雄：平均 120 厘米
雌：平均 90 厘米

昆虫、爬行动物、小鸟、小型啮齿动物、腐肉，以及植物的种子、浆果、根

平坦而开阔的稀树草原、灌丛、麦田及半荒漠地区等

单独或以家庭为单位

亦称灰颈鹭鸨。

身体灰褐色。头颈部灰色，头部具黑褐色冠羽。上体黄褐色，下体灰白色，胁部具黑色斑点。雌鸟体形较短，且黑色冠羽较少。

仅分布于非洲。东非地区主要分布于卢旺达东北部、肯尼亚大部及坦桑尼亚北部地区。

黄冠鸨
huáng guān bǎo

Lophotis gindiana
Buff-crested Bustard

↔	平均 54 厘米
🍎	草籽及昆虫
🏠	干旱、半干旱地区的灌丛
⋮⋮⋮	单独或成对

上体黄褐色，杂以黑色斑点；下体黑色。冠羽至枕部黄色，颈侧灰色，喉中线黑色。

仅分布于非洲东部，如肯尼亚北部和东部、坦桑尼亚东北部。

白腹鸨
bái fù bǎo

Eupodotis senegalensis
White-bellied Bustard

雄

⟷ 50 ~ 60 厘米

🍎 以白蚁、甲虫及蜘蛛等无脊椎动物、嫩草、草籽及浆果等为主要食物，亦食蜥蜴

🏠 开阔的高草草地、稀树草原及农田，常借灌丛及树木等作为隐蔽

▦ 成对或以家庭为单位

雌

颈部至上胸蓝灰色，胸腹部白色。上体褐色，具深褐色斑纹。脸白色，顶冠及颏黑色，眼下侧及眼后具灰黑色细纹。嘴肉粉色，端部棕黑色。雌鸟体形略小，颈部黄褐色。

仅分布于非洲。东非地区主要分布于乌干达东北部，肯尼亚北部、中部和南部，以及坦桑尼亚北部。

黑腹鸨
hēi fù bǎo

Lissotis melanogaster
Black-bellied Bustard

雄

雌

- ↔ 平均 60 厘米
- 以甲虫、蝗虫、蛾等昆虫为主要食物，亦食植物种子
- 开阔的高草草原、具灌丛的草原、稀树草原及农田等
- 单独或成对

亦称褐黑腹鸨。

雄鸟下体及颈前黑色，颈侧前部白色。额、头顶、颈后及上体褐色，背部具黑色斑点。耳羽及眉纹灰白色。虹膜褐色，嘴及脚黄褐色。雌鸟胸腹部白色，颈部黄褐色，上体褐色，具黑褐色斑，颈基部条纹横行。

仅分布于非洲。除肯尼亚东北部，东非地区全境可见。

黑苦恶鸟
hēi kǔ è niǎo

Zapornia flavirostra
Black Crake

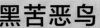

↔ 19 ~ 23 厘米

🍎 以无脊椎动物为主要食物，亦食小鱼、蛙、鸟卵、腐肉及植物种子

🏠 浮水植物茂密的湖泊或池塘

⋮⋮ 成对或集小群

亦称非洲黑田鸡。

体羽全黑色，嘴黄绿色，虹膜及腿红色。

仅分布于非洲。除肯尼亚东北部，东非地区全境可见。

黑水鸡 *Gallinula chloropus*
hēi shuǐ jī
Common Moorhen

LC

 30 ~ 38 厘米

蠕虫、甲壳动物、软体动物、昆虫、蝌蚪、小鱼、小鸟、藻类、苔藓，以及植物的叶片、种子等

水流缓慢而植被茂盛的淡水湿地，包括河流、湖泊、溪流、稻田等

单独、成对或以家庭为单位

亦称红骨顶。

身体棕黑色。胁部具白色斑带，臀白色。嘴及额甲红色，嘴端部黄色，腿黄绿色。

广泛分布于非洲（含马达加斯加）、亚洲、欧洲。除肯尼亚北部及坦桑尼亚西部，东非地区全境可见。

红瘤白骨顶 *Fulica cristata*
hóng liú bái gǔ dǐng
Red-knobbed Coot

LC

↔ 35 ~ 45 厘米

🍎 以水生植物的茎、花、果实、种子及水生的软体动物、甲壳动物等为主要食物，偶食腐肉

🏠 开阔的湖泊、水库等

⚏ 单独或集小群

　　身体黑色，嘴及腿铅灰色，额甲白色。繁殖季额部具两红色瘤状突起，非繁殖季突起萎缩消失。

　　分布于非洲东部至南部。东非地区主要分布于肯尼亚西南部至坦桑尼亚中东部。

灰冠鹤 *Balearica regulorum*

huī guān hè

Grey Crowned-crane

 附录 II

↔	100 ~ 110 厘米
🍎	昆虫、蛙、蜥蜴、蟹，植物种子、嫩芽及稻谷、大豆、花生等
🏠	沼泽化的草原及农田
▦	成对、以家庭为单位或集群

亦称东非冠鹤、戴冕鹤、灰冕鹤、南非冕鹤、东非冕鹤。

体羽灰色，颈部淡灰色，上胸及上背具蓑羽。翼覆羽白色，初级飞羽黑色，次级飞羽及三级飞羽褐色。脸颊白色，上侧具小块红色裸皮。冠羽金黄色，直立而开散。

仅分布于非洲。东非地区主要分布于乌干达南部、肯尼亚西南部、坦桑尼亚中部和西北部，卢旺达及布隆迪全境。

灰冠鹤是乌干达、卢旺达和坦桑尼亚的国鸟。

黑冠鹤 *Balearica pavonina*

hēi guān hè

Black Crowned Crane

⬌	平均 112 厘米
🍎	昆虫、软体动物、甲壳动物、小鱼及植物种子
🏠	湿润的草地及农田
▦	成对、以家庭为单位或集群

　　亦称西非冠鹤、戴冕鹤、西非冕鹤、黑冕鹤。

　　与灰冠鹤相比，羽色更深，为灰黑色。脸颊淡红色，上侧白色。

　　仅分布于非洲。东非地区主要分布于乌干达北部及肯尼亚西北部。

　　黑冠鹤是尼日利亚的国鸟。

水石鸻 *Burhinus vermiculatus*
shuǐ shí héng
Water Thick-knee

 38 ~ 41 厘米

 昆虫、软体动物及甲壳动物等

 各种水域边缘

 成对或集小群

　　上体及胸部棕褐色，具黑色纵纹，腹部白色。大覆羽及中覆羽灰色，具黑色斑纹，次边缘白色，边缘黑色。嘴较厚，黄色，端部黑色。虹膜黄色。腿黄色。

　　仅分布于非洲。东非地区主要分布于肯尼亚南部和东北部，乌干达南部，以及坦桑尼亚、卢旺达、布隆迪。

斑石鸻

bān shí héng

Burhinus capensis

Spotted Thick-knee

LC

↔ 37 ~ 44 厘米

🍎 以昆虫为主要食物，亦食小型两栖动物、甲壳动物等

🏠 灌丛及草地

▦ 成对或集群

亦称点斑石鸻。

上体具细密的黑、棕黄、白三色斑点。下体白色，胸部具纵行黑纹。头部及颈部具纵行棕黄色及黑色纵纹，眉纹白色。上嘴基部至眼下白色，颏部白色。嘴基部黄色，端部黑色。虹膜黄色，瞳孔黑色。腿黄色。

仅分布于非洲。除肯尼亚西部及坦桑尼亚西部，东非地区全境可见。

黑翅长脚鹬 *Himantopus himantopus*

hēi chì cháng jiǎo yù   Black-winged Stilt

成

亚成

↔ 35 ~ 40 厘米

🍎 以水生的昆虫、甲壳动物、软体动物及蝌蚪、鱼卵等为主要食物，偶食植物的种子

🏠 各种淡水及碱水水域的浅滩处

⠿ 单独或集小群

　　体形中等，身体黑白两色。体羽白色，飞羽黑色。嘴黑色，细长而略向上翘。腿细长，粉红色。雌雄同型，但雌鸟上体羽色偏棕。飞翔时可见黑白两色对比明显，腿向后伸直。

　　广泛分布于除南极洲外的各大洲。东非地区全境可见。

反嘴鹬 *Recurvirostra avosetta*
fǎn zuǐ yù   Pied Avocet

游泳

↔ 42 ~ 45 厘米

🍎 以体长为 4 ~ 15 厘米的水生昆虫、甲壳动物、环节动物、软体动物为主要食物，亦食小鱼及植物

🏠 平坦而开阔的咸水水域的浅滩处

⚎ 单独或集小群

体形中等，身体黑白两色。嘴黑色，细长而上翘。腿蓝灰色。顶冠至颈部黑色，初级飞羽、次级翼覆羽及翅膀基部黑色，体余部白色，对比明显。

分布于欧洲、亚洲及非洲。东非地区全境可见。

长趾麦鸡
cháng zhǐ mài jī

Vanellus crassirostris
Long-toed Lapwing

⟷	平均 31 厘米
🍎	以昆虫、蜗牛为主要食物
🏠	浮水植物茂盛的水域，包括湖泊、池塘、沼泽等
⁞⁞⁞	单独或成对

　　身体黑、白、褐三色相间。头后、颈部、胸至下胸黑色，上体灰褐色，头颈余部、上胸及腹部白色。腿、虹膜及嘴粉红色，嘴端黑色。飞羽黑色，翼覆羽白色，腰白色，尾黑色。

　　仅分布于非洲。东非地区主要分布于肯尼亚西南部，乌干达、卢旺达及布隆迪全境，坦桑尼亚中部以北的广大区域。

黑背麦鸡

hēi bèi mài jī

Vanellus armatus
Blacksmith Lapwing

LC

28 ~ 31 厘米

软体动物、甲壳动物、昆虫及蠕虫

淡水或碱水湿地周围的干旱区域

成对、以家庭为单位或集小群

　　亦称黑枕麦鸡。

　　身体黑、白、灰三色相间。额、枕、腹、臀白色。头后、头侧、颏、喉、胸、上腹、背及腰黑色。腿及嘴黑色，虹膜棕红色。翼覆羽灰色。飞翔时可见黑色飞羽，尾端亦为黑色。

　　仅分布于非洲。东非地区主要分布于肯尼亚中部至坦桑尼亚西南部地区。

黑胸距翅麦鸡
hēi xiōng jù chì mài jī

Vanellus spinosus
Spur-winged Lapwing

LC

25 ~ 28 厘米

以甲虫为主要食物，亦食蝗虫、蝇、蚂蚁等，以及蜘蛛、蜈蚣，甲壳动物、软体动物等，还有小鱼、蝌蚪和植物的种子

淡水及咸水水域附近的草地或灌丛

单独或集小群

　　身体棕、黑、白三色相间。上体棕色，颊部、颈侧及臀部白色，体余部黑色。嘴及腿黑色。虹膜棕红色。飞翔时可见黑色飞羽，翼覆羽中部具宽的白色条带，尾黑色。腕掌骨处生有角质距，从翼角处突出。
　　分布于非洲及亚洲西部。东非地区主要分布于布隆迪西北部、坦桑尼亚东北部等。

黑翅麦鸡 *Vanellus melanopterus*
hēi chì mài jī
Black-winged Lapwing

26～27 厘米

以昆虫、软体动物及蠕虫为主要食物，亦食小鱼

草地、火烧迹地

集群

　　头颈灰色，额及颏灰白色。上体棕褐色，胸部具渐变的黑色条带，腹部至臀部白色。飞翔时可见飞羽末端为黑色，翼下覆羽为白色，翼上中部具白色条带，腰部白色，尾端黑色。虹膜黄色，具红色眼环。腿红褐色，嘴黑色。

　　仅分布于非洲。东非地区主要分布于肯尼亚南部及坦桑尼亚北部。

冕麦鸡 *Vanellus coronatus*
miǎn mài jī
Crowned Lapwing

LC

20 ~ 34 厘米

以甲虫、蝗虫、蚂蚁等为主要食物，亦食蠕虫

干旱而开阔的生境，包括稀树草原、林间草地、农田等

成对或集群

头上半部黑色，具一白色圆环。腹部至臀部白色，上体及胸部淡棕色。飞翔时可见黑色飞羽，腰及翼覆羽白色，尾黑色。嘴及腿橘红色，嘴端黑色。虹膜黄色。

仅分布于非洲。东非地区主要分布于乌干达西部，卢旺达、布隆迪全境，以及肯尼亚和坦桑尼亚大部分地区。

黑喉肉垂麦鸡 *Vanellus senegallus*

hēi hóu ròu chuí mài jī

Wattled Lapwing

 平均 34 厘米

以蝗虫、甲虫、白蚁、蠕虫及水生昆虫为主要食物，亦食草籽

常见于沼泽或水边草地，亦在干旱的地区活动

成对或集小群

　　身体灰褐色。头部及颈部具黑白相间的纵纹。额白色，额甲红色。嘴黄色，嘴端黑色，嘴基两侧各具一黄色肉垂。眼周及腿黄色。

　　仅分布于非洲。东非地区主要分布于肯尼亚西南部，乌干达、卢旺达及布隆迪全境，以及坦桑尼亚中部和北部。

剑鸻
jiàn héng

Charadrius hiaticula
Common Ringed Plover

LC

↔	平均 16 厘米
🍎	昆虫、甲壳动物、软体动物及其他无脊椎动物
🏠	开阔的水边泥滩
⠿	集小群

　　头顶及上体棕褐色，额、眉纹、颏、喉、颈及下体白色，颈侧具棕黑色的半颈环。嘴橘黄色，端部黑色，虹膜黑色，腿橘黄色。

　　越冬于非洲及亚洲西部，繁殖于欧亚大陆北部的苔原地带及北美洲东北部的格陵兰岛。东非地区主要分布于肯尼亚西部（越冬地）。

基氏沙鸻 *Charadrius pecuarius*
jī shì shā héng　Kittlitz's Plover

 12 ~ 14 厘米

以甲虫、蝇、蝗虫等昆虫为主要食物，亦食蜘蛛、蠕虫及软体动物

平坦而开阔的草地，通常接近水源

集小群

亦称基特氏沙鸻。

身体黄褐色。额、颏、喉、颊及眉纹白色。眼先、上额及眼后黑色，呈 "Y" 形。眼及嘴黑色，头顶及上体羽毛栗棕色，羽缘色淡，胸部栗黄色至腹部渐变为白色。

仅分布于非洲（含马达加斯加）。东非地区全境可见。

栗斑沙鸻 *Charadrius pallidus*
lì bān shā héng Chestnut-banded Plover

NT

 平均 15 厘米

昆虫及小型甲壳动物

咸水及碱水水域

成对或集小群

亦称栗斑鸻。

头部及下体白色，头顶及上体棕灰色。上额、眼后及胸带栗色，眼先黑色。嘴、眼及腿黑色。

仅分布于非洲。东非地区仅分布于肯尼亚南部及坦桑尼亚北部。

非洲三色鸻
fēi zhōu sān sè héng

Charadrius tricollaris
African Three-banded Plover

↔ 平均 18 厘米

🍎 昆虫、甲壳动物、软体动物及蠕虫

🏠 河流、湖泊、溪流旁的浅滩

▦ 单独或成对

亦称三斑鸻。

上体黄褐色，下体白色，胸部具两条黑色条带。眼先、颊及耳羽灰色，额、喉及眉纹白色。虹膜黄色，眼周红色，嘴及腿黄色或橘红色，嘴端黑色。

仅分布于非洲（含马达加斯加）。东非地区全境可见。

彩鹬
cǎi yù

Rostratula benghalensis
Greater Painted-snipe

LC

↔ 23 ~ 28 厘米

🍎 以蠕虫、昆虫、甲壳动物及植物的种子、谷物为主要食物

🏠 水浅而植被丰富的淡水湿地，包括湖泊、沼泽及稻田等

⋮⋮⋮ 单独或成对

　　身体褐色。雄鸟体色暗淡而雌鸟体色艳丽，差异较大，但两者腹部均为白色，背部均具黄色"V"形斑。嘴长而略下弯，黄褐色。虹膜黑色。腿黄褐色。雄鸟头颈部及胸部灰褐色，具浅黄色贯眼纹，上体灰褐色，胁部黄褐色，具深黄褐色横斑；雌鸟头颈部及胸部红褐色，上体灰褐色。

　　广泛分布于非洲及亚洲。东非地区全境可见。

非洲雉鸻 *Actophilornis africanus*

fēi zhōu zhì héng
African Jacana

<table>
<tr><td>↔</td><td>23 ~ 31 厘米</td></tr>
<tr><td>🍎</td><td>以昆虫为主要食物，亦食蠕虫、蜘蛛、甲壳动物和软体动物，偶食植物种子</td></tr>
<tr><td>🏠</td><td>水浅而植被茂密的淡水湿地，包括沼泽、湖泊及流速缓慢的河流</td></tr>
<tr><td>⊞</td><td>单独</td></tr>
</table>

亦称非洲水雉、长脚雉鸻。

体羽棕红色，头颈白色，上胸淡棕色，眉纹经枕后延伸至上背呈黑色，顶冠铅灰色。嘴及腿铅灰色，眼黑色。脚趾极细长，适于在水面的植物间行走。雌雄同型，但雌鸟更大。

仅分布于非洲。除肯尼亚东北部，东非地区全境可见。

流苏鹬 *Calidris pugnax*
liú sū yù Ruff

雄：26 ~ 32 厘米
雌：20 ~ 25 厘米

小型无脊椎动物、蛙、小鱼及稻谷等

湿地附近的泥滩

集群

相比于其他鹬类而言，头更小、嘴更短，端部略下弯。上体棕褐色，羽缘色淡。不同个体头部、背部及下体颜色差异较大，有些为棕褐色，而另一些则近乎白色。

越冬于亚洲南部沿海地区及非洲（含马达加斯加），繁殖于欧亚大陆北部苔原地带。东非地区全境可见（越冬地）。

小滨鹬 *Calidris minuta*

xiǎo bīn yù

Little Stint

LC

12 ~ 14 厘米

以甲虫、蚂蚁、甲壳动物、软体动物为主要食物，亦食植物

沼泽、池塘、稻田等

集小群

嘴、眼、腿黑色。额、颏、喉及下体白色。头、颈侧及上体栗褐色，具黑色及白色斑纹。

越冬于亚洲西南部沿海地区及非洲（含马达加斯加），繁殖于欧亚大陆北部苔原地带。东非地区全境可见（越冬地）。

弯嘴滨鹬 *Calidris ferruginea*
wān zuǐ bīn yù
Curlew Sandpiper

平均 22 厘米

昆虫及其他小型无脊椎动物

河流、湖泊旁的浅水区域、泥滩

集小群

与小滨鹬相似，但嘴更长，且略向下弯。

越冬于非洲、亚洲南部，以及大洋洲的澳大利亚和巴布亚新几内亚的沿海地区；繁殖于欧亚大陆北部的苔原地带。除肯尼亚东北部，东非地区全境可见（越冬地）。

矶鹬

jī yù

Actitis hypoleucos

Common Sandpiper

19～21 厘米

以昆虫、蜘蛛、软体动物、甲壳动物为主要食物，亦食蛙、蝌蚪及小鱼，偶食植物

湿地附近的石滩、泥滩

单独

头部、颈侧及上体褐色，具深褐色贯眼纹，具棕白相间的眉纹。下体白色，具明显的白色翼角。嘴暗褐色，脚淡黄褐色。

越冬于非洲（含马达加斯加）及亚洲中南部，繁殖于欧亚大陆中纬度地区。东非地区全境可见（越冬地）。

白腰草鹬
bái yāo cǎo yù

Tringa ochropus
Green Sandpiper

LC

↔ 21 ~ 24 厘米

🍎 昆虫、环节动物、甲壳动物、蜘蛛、小鱼及植物残体。喜在浅水或地表捡拾食物，很少挖掘食物

🏠 淡水湿地，包括沼泽、河流、池塘等

⊞ 单独或集小群

上体黑褐色，具白色斑点，腰白色；下体白色。嘴黑色，基部暗绿色。虹膜黑色，具白色眼圈。腿灰绿色。

越冬于非洲、亚洲中南部和欧洲西南部，繁殖于欧亚大陆中纬度地区。东非地区全境可见（越冬地）。

林鹬

lín yù

Tringa glareola
Wood Sandpiper

 19～23 厘米

以昆虫、蠕虫、蜘蛛、软体动物、甲壳动物、小鱼、蝌蚪等为主要食物，偶食植物种子

淡水水域岸边的开阔地带及草地、水田

单独

上体黑褐色，具白色及黑色斑点；下体白色。头部、颈部及胁部灰白色，杂以黑褐色斑纹。白色眉纹自嘴基延伸至耳后，眼先具黑色纹。嘴较短而直，基部黄绿色，端部黑色。虹膜黑色。腿黄色。

越冬于非洲（含马达加斯加）及亚洲中南部，大洋洲的澳大利亚、巴布亚新几内亚；繁殖于欧亚大陆中高纬度地区。东非地区全境可见（越冬地）。

泽鹬 *Tringa stagnatilis*
zé yù Marsh Sandpiper

LC

↔	22～26 厘米
🍎	小鱼、甲壳动物、软体动物及昆虫等
🏠	淡水、咸水湿地及水田
⊞	单独

与林鹬相似，但上体色淡，呈淡黄褐色，无白色眉纹。嘴相对细长，基部黄绿色，端部黑色。腿黄绿色。

越冬于亚洲南部、大洋洲的澳大利亚及非洲（含马达加斯加）；繁殖于欧亚大陆中纬度地区。东非地区全境可见（越冬地）。

领燕鸻 *Glareola pratincola*

lǐng yàn héng

Collared Pratincole

↔	平均 26 厘米
🍎	昆虫
🏠	多种湿地生境
⠿	单独或集小群

上体黄褐色，下体淡黄褐色。腹部白色。喉部黄色，具一黑色环喉纹。

分布于非洲、欧洲南部及亚洲西部。东非地区全境可见。

所谓的"牙签鸟""燕千鸟"，系燕鸻的讹误；它们并不给鳄鱼剔牙，而是会在尼罗鳄周围捕食昆虫。

黑腹走鸻 *Cursorius temminckii*
hēi fù zǒu héng
Temminck's Courser

LC

 19 ~ 21 厘米

以昆虫（特别是白蚁）为主要食物，亦食软体动物，偶食植物的种子

稀树草原、森林及灌丛间的矮草地

成对或集小群

　　体棕黄色。头顶、脸颊及胸黄褐色，下腹部黑色，臀白色。腿浅灰色。虹膜黑色，眉纹白色，具黑色眼后纹。嘴端略向下弯。飞翔时可见飞羽全为黑色。
　　仅分布于非洲。除肯尼亚东北部，东非地区全境可见。

索马里走鸻 *Cursorius somalensis*
suǒ mǎ lǐ zǒu héng　Somali Courser

LC

↔	平均 22 厘米
🍎	与黑腹走鸻相似
🏠	沙漠、草原、灌丛
▦	成对或集小群

与黑腹走鸻相似，但体色更淡，下腹部不为黑色。飞翔时可见初级飞羽黑色，次级飞羽白色。

仅分布于非洲东部。东非地区主要分布于肯尼亚东北部。

双领斑走鸻

shuāng lǐng bān zǒu héng

Smutsornis africanus
Double-banded Courser

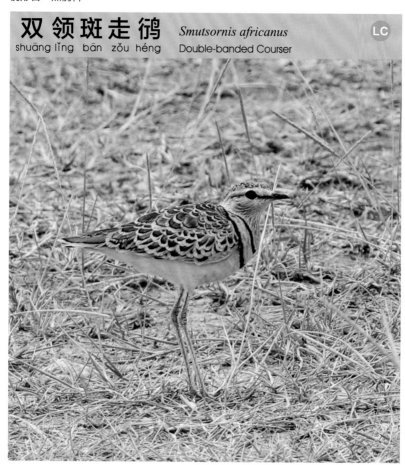

↔	20 ~ 24 厘米
🍎	昆虫，特别是白蚁
🏠	多石而具低矮灌丛的半荒漠地区及矮草草原
⊞	成对或集小群

亦称二斑走鸻。

上体黑褐色，下体白色，下颈及胸部具两道黑色领环。顶冠褐色，颊部及颈侧浅黄褐色，额及眉纹白色。腿灰白色，嘴短而呈黑色。虹膜黑色，具黑色贯眼纹。飞翔时可见初级黑色飞羽和棕栗色次级飞羽。

东非地区主要分布于肯尼亚南部至坦桑尼亚中部地区。

捕食时常急速奔跑而骤然停止，并取食地面上的食物，但不掘食。

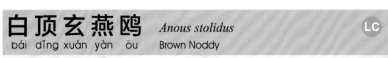

白顶玄燕鸥 *Anous stolidus*
bái dǐng xuán yàn ōu　Brown Noddy

LC

↔	38～45 厘米
🦑	小鱼及乌贼等小型海洋动物
🏠	近海、远海
⊞	集群

　　体羽为棕褐色，顶冠至前额为灰白色。眼黑色，具窄的白色眼圈。虹膜黑色。脚黑色。

　　广泛分布于全球热带海域。东非地区主要分布于肯尼亚沿海地区和坦桑尼亚东北部沿海地区。

非洲剪嘴鸥 *Rynchops flavirostris*
fēi zhōu jiǎn zuǐ ōu
African Skimmer

NT

 36 ~ 42 厘米

小鱼及其他小型水生生物

开阔水域

单独或集小群

　　头顶、颈至上体黑色，体余部白色。嘴粗而长，橘红色，上嘴短于下嘴，下嘴端部橘红色。

　　仅分布于非洲。除肯尼亚东北部，东非地区全境可见。

　　飞行敏捷；捕食之时，身体贴近水面，张开剪刀状的喙，并用下喙像犁地般取食小鱼、小型甲壳动物等。

灰头鸥

huī tóu ōu

Larus cirrocephalus
Grey-headed Gull

LC

↔	38 ~ 45 厘米
🍎	以鱼类及无脊椎动物为主要食物，亦食火烈鸟和鱼类的尸体
🏠	湖泊、河流、海滨
⊞	集群

　　头部及上体灰色。嘴、腿橘红色，眼黄色，眼周粉色。飞翔时可见黑色初级飞羽，具白色斑点。非繁殖季节头部灰白色。

　　分布于非洲（含马达加斯加）及南美洲。东非地区全境可见。

乌燕鸥 *Sterna fuscata*
wū yàn ōu　Sooty Tern

 平均 43 厘米

 小鱼及乌贼

 近海及远海

 集群

　　头顶、枕部及上体黑色，额至眉纹及下体白色。

　　广泛分布于全球热带海域。东非地区主要分布于肯尼亚沿海地区和坦桑尼亚沿海地区。

　　喜成群捕食；繁殖期亦结成大群在海岛上集中产卵、孵化和育雏。

须浮鸥
xū fú ōu

Chlidonias hybrida
Whiskered Tern

 23 ～ 29 厘米

🍎 昆虫、小鱼、蟹类及软体动物

🏠 淡水或咸水水域

⊞ 单独、成对或集群

　　繁殖季体羽灰白色，腹部灰色，额至头顶黑色，颊部白色；非繁殖季体羽淡灰白色，眼后至枕部黑灰色。

　　分布于非洲（含马达加斯加）、欧洲、亚洲及大洋洲。除肯尼亚东北部、乌干达西北部及坦桑尼亚南部，东非地区全境可见。

黄 喉 沙 鸡 *Pterocles gutturalis*
huáng hóu shā jī　　Yellow-throated Sandgrouse

LC

右雌，余三雄

↔ 30～31 厘米

🍎 以植物种子（豆科、禾本科）为主要食物，亦食农作物

🏠 靠近河流或沼泽的开阔地带、火烧迹地等

▦ 成对或集小群，偶集大群

　　雄鸟上体棕黄色，具灰色斑点；下体灰褐色。颊部及喉部浅黄褐色，贯眼纹黑色，延伸至颈侧及喉部。雌鸟黄褐色，除喉部及颊部无杂斑外，周身遍布细密的黑色斑点。

　　仅分布于非洲。东非地区主要分布于肯尼亚南部至坦桑尼亚西南部。

黑脸沙鸡
hēi liǎn shā jī

Pterocles decoratus
Black-faced Sandgrouse

LC

左雄，右雌

 平均23厘米

 植物种子

稀树草原、灌丛及半荒漠地区

成对或集小群

　　头部及颈部黄褐色，嘴周及喉部黑色，眉纹黑色，眉上纹白色；上体黄褐色，具黑色斑纹；胸部黑褐色，腹部黄褐色，均具黑色横纹，具一宽的白色胸带，上侧及下侧黑色。嘴肉粉色，眼黑色，脚黄褐色。雌鸟不具黑色"脸罩"，胸带两侧无黑色条纹，仅具白色眉纹。

　　仅分布于非洲东部，如肯尼亚东部至坦桑尼亚西南部。

225

斑鸽 *Columba guinea*
bān gē　Speckled Pigeon

LC

↔	32 ~ 35 厘米
🍎	以草籽为主要食物，收获季节会集大群觅食玉米、小麦及高粱等农作物
🏠	稀树草原、开阔林地等，常聚居于人类居住地周围
⊞	单独、成对或集群

亦称点斑鸽。

上体棕红色，翅膀具白斑；下体灰色。头灰色，眼周大面积裸出呈棕红色，颈部具棕白相间的纵行条纹。

仅分布于非洲。除肯尼亚东部及坦桑尼亚东部，东非地区全境可见。

灰头斑鸠 *Streptopelia decipiens*
huī tóu bān jiū
Mourning Collared-dove

↔	28 ~ 29 厘米
🍎	植物种子、浆果及白蚁等
🏠	干旱、半干旱地区的林地、稀树草原及灌丛、农田
⊞	成对或集群

亦称哀斑鸠。

与环颈斑鸠相似，但虹膜为浅黄色，瞳孔为黑色，眼周裸出呈红色。头部灰色。飞翔时可见尾部为棕黑色，末端白色，中央尾羽全棕色。

仅分布于非洲。除西南部及东南部，广泛分布于东非大部分地区。

红眼斑鸠 *Streptopelia semitorquata*

hóng yǎn bān jiū

Red-eyed Dove

LC

↔	30 ~ 32 厘米
🍎	以玉米、葵花籽、蓖麻籽等植物种子为主要食物，亦食白蚁
🏠	林地、农田及花园
▦	单独或成对，偶尔集群

　　与环颈斑鸠相似，但虹膜为棕红色，瞳孔为黑色，眼周裸出呈红色。飞翔时可见背部至飞羽中部为棕色，飞羽外侧（含初级飞羽）及次级飞羽为黑色；尾羽棕黑色，次末端黑色。红眼斑鸠是具颈环的斑鸠中体形最大的一种。

　　分布于非洲及亚洲的阿拉伯半岛。除肯尼亚北部，东非地区全境可见。

环颈斑鸠 *Streptopelia capicola*
huán jǐng bān jiū
Ring-necked Dove

 平均 25 厘米

以植物种子为主要食物，亦食蚜虫、蝗螨、白蚁及蚯蚓等无脊椎动物

稀树草原、开阔林地及农田

成对或集群

　　头部灰色，颈、胸粉灰色，颈后具黑色半颈环；腹部灰白色，上体棕栗色，翼下缘灰色。飞翔时可见翼中部为灰色，飞羽外侧（含初级飞羽）及次级飞羽为黑色；尾棕灰黑色，外侧尾羽次末端黑色，末端白色，中央尾羽全棕色。虹膜及嘴黑色，脚粉色。

　　仅分布于非洲。除肯尼亚西北部及乌干达西北部外，东非地区全境可见。

棕斑鸠 *Spilopelia senegalensis*
zōng bān jiū Laughing Dove

LC

 23～27 厘米

以直径小于 2 毫米的草籽为主要食物，亦食玉米等谷物，偶食水果及花蜜

稀树草原的林地及村庄、花园等，距水源一般不超过 10 千米

成对或集小群

　　颈部具黑色网状斑纹。头、颈、胸及上背淡粉色，虹膜及嘴黑色。上体棕栗色，翼下缘灰色，腹部灰白色。

　　分布于非洲及亚洲西部。东非地区全境可见。

　　常在地面觅食，善疾走，胆大，不怕人。

绿点森鸠 *Turtur chalcospilos*
lù diǎn sēn jiū
Emerald-spotted Wood Dove

 平均 20 厘米

以植物的种子、叶片为主要食物，亦食小型昆虫

林地、稀树草原及开阔的农田

单独或成对

　　头后、颈部及上体棕绿色，喉及胸酒红色，额及喉部淡灰色，下体淡褐色，翼上绿斑具金属光泽。嘴深红色或黑色。飞翔时可见外侧尾羽末端及中央尾羽为黑色，背部具两道黑色横带。

　　仅分布于非洲。除乌干达西部及南部，东非地区全境可见。

小长尾鸠 *Oena capensis*

xiǎo cháng wěi jiū

Namaqua Dove, Long-tailed Dove

LC

雄

雌

↔ 25～28 厘米

🍎 草籽

🏠 稀树草原、灌丛及农田

▦ 集小群

　　体小而尾长，身体灰褐色。雄鸟额、喉至胸部黑色，头、颈余部灰褐色，腹部及臀部青白色，上体灰黄色，翼覆羽灰色，翅上具2～5个紫黑色斑点。嘴黄色，蜡膜橘黄色，虹膜黑色。雌鸟无黑"面罩"，嘴黑色。

　　仅分布于非洲（含马达加斯加）。除乌干达和卢旺达，东非地区全境可见。

非洲绿鸠

fēi zhōu lù jiū

Treron calvus

African Green-pigeon

LC

⟷ 25 ~ 30 厘米

🍎 以多种植物果实为主要食物，喜食榕果

🏠 稀树草原、森林、林缘及果园

▦ 成对

　　体形敦实，身体黄绿色。上体深绿色，肩部紫色，上背青灰色，头颈及下体黄绿色。嘴基部橘红色，端部灰白色。虹膜青灰色。脚橘黄色。

　　仅分布于非洲。除肯尼亚东北部及坦桑尼亚沿海地区，东非地区全境可见。

裸脸灰蕉鹃 *Corythaixoides personatus*

luǒ liǎn huī jiāo juān

Bare-faced Go-away-bird

LC

<->	平均 48 厘米
	植物的果实，亦食金合欢树的嫩芽和种子
	开阔的林地、灌丛及农田
	成对或集小群

　　脸及上喉黑色，冠羽及上体灰色，腹部棕色，体余部白色。虹膜黑色，嘴及脚黑灰色。

　　仅分布于非洲。东非地区主要分布于乌干达西南部、肯尼亚西南部，卢旺达和布隆迪全境，以及坦桑尼亚中西部地区。

白腹灰蕉鹃 *Corythaixoides leucogaster*
bái fù huī jiāo juān
White-bellied Go-away-bird

LC

 平均 50 厘米

植物的果实、花、种子，亦食金合欢树的嫩芽和果实

稀树草原

成对或以家庭为单位

　　下胸至臀部白色，体余部灰色，具明显的灰色冠羽。雌雄同型，但雄鸟嘴黑灰色，雌鸟嘴黄绿色。

　　仅分布于非洲东部。东非地区主要分布于乌干达东北部、肯尼亚大部，坦桑尼亚中部至东北部。

白眉鸦鹃
bái méi yā juān
Centropus superciliosus
White-browed Coucal

LC

6 ~ 42 厘米

以昆虫为主要食物，亦食蜘蛛、蜗牛、蟹等无脊椎动物，以及蛇类、蜥蜴、蛙、鼠类、鸟类等小型脊椎动物

茂密而潮湿的林地、灌丛等，常接近水源

单独或成对

额至顶冠黑褐色，眉纹白色。上体棕色，尾黑色，上背、颈具黑白相间的条纹；下体淡黄褐色，具横行黑色条纹。

仅分布于非洲。东非地区全境可见。

鸦鹃这类鸟的头部或翅、体的部分羽毛的羽干坚硬如刺，是该类鸟的典型特征。

大斑凤头鹃
dà bān fèng tóu juān

Clamator glandarius
Great Spotted Cuckoo

LC

↔	35 ~ 39 厘米
🍎	以昆虫为主要食物，亦食小型蜥蜴
🏠	林地、灌丛、草地及农田
▦	单独

亦称大凤头鹃。

上体棕黑色，具白色斑点。下体白色。喉部及颊部乳黄色，耳羽灰色。具明显的灰色冠羽。

分布于非洲及欧洲南部。除肯尼亚东部及坦桑尼亚东北部，东非地区全境可见。

白腹金鹃 *Chrysococcyx klaas*

bái fù jīn juān

Klaas's Cuckoo

LC

↔	平均 18 厘米
🍎	以昆虫为主要食物，包括鳞翅目昆虫的幼虫和成虫、甲虫、蟋蟀、白蚁等
🏠	开阔的林地、灌丛及花园等
▦	单独或成对

　　头、颈及上体绿色，具金属光泽；喉及下体白色。虹膜黑色，眼后侧具一白纹。雌鸟头颈棕灰色，上体棕绿色，下体淡棕色，具棕色横纹。

　　仅分布于非洲及亚洲的阿拉伯半岛。除乌干达东北部及肯尼亚北部，东非地区全境可见。

方尾夜鹰
fāng wěi yè yīng

Caprimulgus fossii
Square-tailed Nightjar

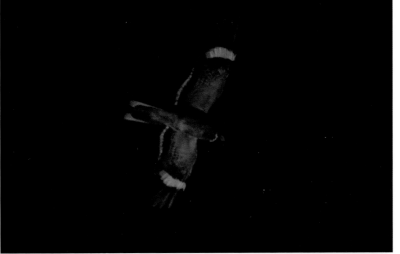

 平均 23 厘米

 飞行的昆虫

 具高树的开阔地带

 集群

　　体羽棕褐色。飞翔时可见喉部的白环，初级飞羽基部有大块白斑，翼后缘为白色，方尾型，外侧尾羽白色。

　　仅分布于非洲。东非地区主要分布于肯尼亚南缘、乌干达南部及坦桑尼亚、卢旺达、布隆迪。

　　常于夜间集群飞行，可长时间翱翔，发出高频次的鸣声。

黄雕鸮 *Bubo lacteus*
huáng diāo xiāo　Verreaux's Eagle Owl

 58 ~ 66 厘米

 哺乳动物、鸟类及两栖动物、爬行动物，包括刺猬、鼠类、鼩鼱、野兔及鹭、野鸭、雉等

 林地及林间草地

 成对或以家庭为单位

亦称乳黄雕鸮。

面盘明显，两侧具黑色纵纹，上眼睑肉粉色，具短的耳羽。上体灰褐色；头及下体灰白色，具深色横纹。虹膜黑色。

仅分布于非洲。东非地区全境可见。

非洲棕雨燕
fēi zhōu zōng yǔ yàn

Cypsiurus parvus
African Palm-swift

↔ 16 ~ 18 厘米

🍎 昆虫

🏠 棕榈树旁的开阔生境

⠿ 成对或集小群

亦称棕雨燕。

躯体较长，呈水滴形。尾部深叉尾，尾羽闭合时尖长。体羽棕色。

分布于非洲（含马达加斯加）及亚洲的阿拉伯半岛。东非地区全境可见。

小雨燕
xiǎo yǔ yàn

Apus affinis
Little Swift

LC

 12 ~ 14 厘米

 昆虫

 多种开阔生境

 集群

　　躯体短圆，体羽棕黑色，腰部白色，方尾型。

　　分布于非洲（含马达加斯加）及亚洲西部。东非地区全境可见。

　　过去 *affinis* 的中文名为小白腰雨燕，现在认为东亚亚种 *nipalensis* 为独立种，故前者中文名为小雨燕，后者为小白腰雨燕。

斑鼠鸟 *Colius striatus*

bān shǔ niǎo

Speckeled Mousebird

体长：30～36 厘米
尾长：17～24 厘米

植物的果实、叶片、嫩芽、花及花蜜

林地、灌丛、农田及花园

集小群

　　上体及尾深棕灰色，冠羽棕色，下体浅棕黄色。眼先及喉部黑色，喉部具白色横纹，耳羽白色。

　　仅分布于非洲。东非地区全境可见。

　　因擅长在树枝或灌丛间贴着枝干跳动，似攀爬状，尾羽特长，行为与形态似鼠，故名。

蓝枕鼠鸟
lán zhěn shǔ niǎo

Urocolius macrourus
Blue-naped Mousebird

LC

↔	体长：33 ~ 36 厘米 尾长：20 ~ 28 厘米
🍎	以植物果实为主要食物，亦食叶片、嫩芽及花
🏠	干旱、半干旱地区的开阔林地、灌丛、农田
▦	集群

　　上体及尾蓝灰色，头及下体淡蓝灰色，枕部蓝色。虹膜黑色，眼周裸出呈红色。嘴红色，嘴尖黑色。

　　仅分布于非洲。除坦桑尼亚南部，东非地区全境可见。

红脸鼠鸟
hóng liǎn shǔ niǎo

Urocolius indicus
Red-faced Mousebird

LC

 体长：29 ~ 37 厘米
尾长：19 ~ 25 厘米

 以植物果实为主要食物，亦食叶片、嫩芽及花

林地及灌丛

集小群

　　与蓝枕鼠鸟相似，但无蓝色枕部，额及下体淡棕黄色。

　　仅分布于非洲。东非地区主要分布于坦桑尼亚西南角和东南角。

　　鼠鸟目现有 2 属 6 种，是非洲特有类群，较为广泛地分布于撒哈拉以南的非洲大陆地区。

紫胸佛法僧 *Coracias caudatus*

zǐ xiōng fó fǎ sēng　Lilac-breasted Roller

LC

↔	38 ~ 40 厘米（含尾羽，最长 8 厘米）
🍎	蝗虫、甲虫、蝴蝶、蛾等昆虫，以及蛙、蜥蜴、鸟类
🏠	开阔的灌丛、林地及林间草地
⋮⋮	单独或成对

　　上体淡棕栗色，下体淡蓝色。颊、喉至上胸紫棕色。眼、眼先及嘴黑色。头顶、头后至后颈黄绿色。额、眉、颏白色。飞翔时可见蓝黑色飞羽，凹尾型。

　　仅分布于非洲。除乌干达北部及肯尼亚西北部，东非地区全境可见。

　　紫胸佛法僧是肯尼亚的国鸟。

蓝胸佛法僧
lán xiōng fó fǎ sēng

Coracias garrulus
European Roller

LC

 平均 31 厘米

甲虫等昆虫

灌丛、林地

单独

亦称欧洲佛法僧。

头部蓝绿色，下体淡蓝绿色，上体棕色，肩部蓝色。飞翔时可见飞羽全为黑色，翼覆羽蓝绿色，腰部蓝色，中央尾羽灰蓝色，外侧尾羽淡蓝色，方尾型，中部略凹。

越冬于非洲，繁殖于欧洲及亚洲西部。东非地区全境可见（越冬地）。

灰头翡翠

huī tóu fěi cuì

Halcyon leucocephala

Gray-headed Kingfisher

⟷	21 ~ 22 厘米
🍎	以昆虫为主要食物，包括蝗虫、蚂蚁、甲虫、蛾等
🏠	各种水域周围的林地、灌丛及农田
⦂⦂⦂	单独或成对

　　头部灰色，喉及胸灰白色，腹部及臀部栗红色。上背黑色，下背及尾蓝色。嘴及脚橘红色。虹膜黑色。

　　仅分布于非洲。除肯尼亚东北部，东非地区全境可见。

斑翡翠

bān fěi cuì

Halcyon chelicuti

Striped Kingfisher

LC

 平均 17 厘米

以蝗虫等大型昆虫为主要食物，亦食小型蜥蜴、蛇类及啮齿动物

灌丛、林间草地

单独或成对

亦称斑纹翡翠。

头顶棕色，黑色贯眼纹延伸至头后相连。上体深褐色，翼端及尾羽蓝色；下体白色，具褐色纵行斑纹。

仅分布于非洲。除肯尼亚东北部，东非地区全境可见。

林地翡翠

lín dì fěi cuì

Halcyon senegalensis

Woodland Kingfisher

LC

↔ 22 ~ 23 厘米

🍎 以蝗虫、甲虫、蜻蜓、蝉等昆虫为主要食物，亦食虾、蟹、鱼及小型蜥蜴等

🏠 林地、灌丛、农田及花园，常远离水源

▦ 单独或成对

　　上嘴橘红色，下嘴黑色。翅、背、尾蓝色，肩羽及初级飞羽黑色，头及胸部灰色，喉及腹部灰白色。

　　仅分布于非洲。除肯尼亚东北部，东非地区全境可见。

粉颊小翠鸟 *Ispidina picta*

fěn jiá xiǎo cuì niǎo   African Pygmy Kingfisher

11 ~ 12 厘米

以蝗虫、蛾、蝇、甲虫等昆虫为主要食物，亦食蜘蛛、多足类及水生无脊椎动物等

茂密的森林、灌丛及花园

单独或成对

亦称粉颊三趾翠鸟。

顶冠蓝色，具黑色横纹。上体蓝色，颊部至枕部粉色，耳羽下侧具白斑，体余部橘黄色。

仅分布于非洲。除肯尼亚东北部，东非地区全境可见。

冠翠鸟
guān cuì niǎo

Corythornis cristatus
Malachite Kingfisher

↔	12 ~ 13 厘米
🍎	以虾、蟹、蝌蚪、小鱼、龙虱、划蝽等水生动物为主要食物，亦食甲虫、蝗虫、蜥蜴等
🏠	植被丰富的河流、湖泊、沼泽等
▦	单独或成对

　　额、头顶、颈部及上体蓝色，冠羽明显且具黑色短横纹。眼先、耳羽、颈侧、胸至下体橘红色，腹部黄褐色。喉、颈侧后及臀白色。嘴及脚橘红色。虹膜黑色。

　　仅分布于非洲。除肯尼亚北部及乌干达东北部，东非地区全境可见。

大鱼狗
dà yú gǒu

Megaceryle maxima
Giant Kingfisher

LC

雄

 平均 43 厘米

以鱼为主要食物

河流、湖泊及溪流

单独或成对

雌

　　头及上体黑色，杂以细密的白色斑点。喉部白色，具黑色纵纹。雄鸟胸部棕红色，腹部白色，具黑色横纹；雌鸟胸部白色，具黑色纵纹，腹部砖红色。嘴、眼及脚黑色。

　　仅分布于非洲。除乌干达东北部、肯尼亚北部和东部，东非地区全境可见。

斑鱼狗 *Ceryle rudis*
bān yú gǒu　Pied Kingfisher

LC

左雌，右雄

 25 ~ 30.5 厘米

 以鱼为主要食物

河流、湖泊、沼泽、水库及礁石海岸

 单独或成对

悬停

　　身体黑白相间。嘴黑色，强直。雄鸟具两条黑色领环，而雌鸟仅具一条领环，且中部断开。

　　分布于非洲及亚洲。东非地区全境可见。

　　常见其悬停于水面之上，观察猎物，然后疾速俯冲入水。

小蜂虎 *Merops pusillus*

xiǎo fēng hǔ Little Bee-eater

↔	平均 15 厘米
🍎	以体长为 4.5 ~ 12 毫米的蜂类为主要食物，亦食甲虫、蜻蜓、蟋蟀等昆虫
🏠	灌丛、草地，旱季常在水边活动，雨季亦在农田中活动
▦	成对或以家庭为单位

　　上体浅绿色，颏、喉黄色，具黑色贯眼纹。下体淡栗黄色，具黑色半领环。嘴黑色，虹膜红棕色。飞翔时可见翼下内侧后缘及尾后缘呈黑色，平尾型。

　　仅分布于非洲。东非地区全境可见。

红胸蜂虎
hóng xiōng fēng hǔ

Merops oreobates
Cinnamon-chested Bee-eater

LC

	21～22 厘米
	以多种蜂类为主要食物，亦食蝴蝶、蛾、甲虫、蝇及蜻蜓等
	林地
	成对或集小群

与小蜂虎（15厘米）相似，但体形更大（22厘米），且上体绿色更深，颊部后缘近白色，领环更长，其末端蓝绿色，胸腹部红褐色。

仅分布于非洲。东非地区仅零散地分布于环绕维多利亚湖的地区。

白额蜂虎
bái é fēng hǔ

Merops bullockoides
White-fronted Bee-eater

LC

平均 23 厘米

以膜翅目昆虫（即蜂和蚁）为主要食物，亦食甲虫、蝇及蜻蜓等

河边树林或灌丛

成对或集群

　　头顶、颈、胸、腹黄褐色，额及眼下纹白色，贯眼纹黑色，喉部栗红色。上体绿色，下腹至臀蓝色。嘴及眼黑色。

　　仅分布于非洲。东非地区主要分布于肯尼亚西南部、坦桑尼亚东南部，以及卢旺达和布隆迪。

白喉蜂虎
bái hóu fēng hǔ

Merops albicollis
White-throated Bee-eater

平均 20 厘米

以蚂蚁为主要食物，亦食蜜蜂、甲虫、蝇、蜻蜓等

繁殖于树木稀疏的半干旱地区，越冬于稀树草原及农田

单独或成对

头部白色，贯眼纹、顶冠及颈环棕黑色，颈、上背蓝棕色，下背至尾蓝绿色。胸部及臀部淡蓝绿色，腹部淡黄绿色。嘴黑色，虹膜黄褐色。

分布于非洲及亚洲的阿拉伯半岛。除坦桑尼亚南部，东非地区全境可见。

非洲戴胜 *Upupa africana*

fēi zhōu dài shèng

African Hoopoe

 19 ~ 32 厘米

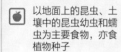 以地面上的昆虫、土壤中的昆虫幼虫和蠕虫为主要食物，亦食植物种子

稀树草原、灌丛、林地及花园

单独或成对

　　翅膀及背部黑白相间，下腹白色，体余部栗黄色。具冠羽，端部黑色。嘴细长而下弯，铅灰色。虹膜黑色。脚铅灰色。

　　仅分布于非洲。东非地区全境可见。

　　非洲戴胜曾被认为是戴胜（*U. epops*）的一个亚种（*U. e. africana*）。与分布于欧亚大陆的戴胜相比，非洲戴胜体色更深，且初级飞羽为全黑色。

绿林戴胜
lù lín dài shèng

Phoeniculus purpureus
Green Woodhoopoe

LC

 32.5 ~ 40 厘米

以节肢动物的成虫、蛹及卵为主要食物，亦食蜥蜴及植物的果实、种子

稀树草原、开阔林地及花园

集群

　　头颈部至上背绿色，喉部蓝绿色，体余部蓝色，体羽具金属光泽。嘴长直而略向下弯，橘红色。脚橘红色。尾羽与体长相当，梯尾型，外侧尾羽具白色斑点。飞翔时可见初级飞羽次末端为白色。

　　仅分布于非洲。除肯尼亚东北部，东非地区全境可见。

红脸地犀鸟 *Bucorvus leadbeateri*
hóng liǎn dì xī niǎo　Southern Ground-hornbill

VU

雄

雌

亚成

 90～100 厘米

以节肢动物为主要食物，旱季亦食蛙、蛇类、野兔、龟等，偶食腐肉

稀树草原及林地

成对或集 3～8 只的小群

　　体羽黑色，眼周、喉部和垂肉为红色。嘴黑色，厚重而下弯，上嘴基部具一小的盔状突起。雌雄相近，但雌鸟垂肉前中上部为蓝黑色。亚成体嘴较细，色浅，喉囊棕黄色。飞翔时明显可见白色初级飞羽。

　　仅分布于非洲。东非地区主要分布于坦桑尼亚、卢旺达、布隆迪及肯尼亚南部。

德氏弯嘴犀鸟 *Tockus deckeni*

dé shì wān zuǐ xī niǎo Von der Decken's Hornbill

LC

左雌，右雄

平均 35 厘米

以昆虫、蛙、蛇类、蜥蜴、鼠类、鸟类为主要食物，亦食植物果实、种子及嫩芽

半干旱的稀树草原及开阔林地

成对或以家庭为单位

亦称斑嘴弯嘴犀鸟。

上体黑色，具一白色翅斑。头颈、上背及下体白色，额至上背部中线为黑色。眼周黑色，眼黑色。嘴厚而下弯，雄鸟橘红色、端部黄色，雌鸟黑色。

仅分布于非洲东部，主要在肯尼亚中东部至坦桑尼亚中部一带。

红嘴弯嘴犀鸟
hóng zuǐ wān zuǐ xī niǎo

Tockus erythrorhynchus
Red-billed Hornbill

雄

雌

- 平均 35 厘米
- 以甲虫、白蚁、蝇蛆及蝗虫为主要食物，兼食植物果实及种子，偶食蜥蜴、雏鸟及啮齿动物
- 开阔的稀树草原及林地
- 成对或以家庭为单位，偶集大群

上体黑色，具大量白色翅斑；下体白色。头部白色，额至上背部中线黑色。嘴较德氏弯嘴犀鸟更细，呈橘红色而下弯。嘴基部、颏及眼先黄色，雄鸟下嘴基部黑色，雌鸟全橘红色。

指名亚种（*T. e. erythrorhynchus*）虹膜棕色，耳羽灰白色，眼周及眼先裸出呈黄色；坦桑亚种（*T. e. ruahae*）虹膜黄色，眼周羽毛黑色，耳羽白色，眼先被白色羽毛，上下各具一道黑斑。

仅分布于非洲。在东非地区，指名亚种分布于肯尼亚及坦桑尼亚北部，坦桑亚种分布于坦桑尼亚中部及西部。

东黄嘴弯嘴犀鸟 *Tockus flavirostris*
dōng huáng zuǐ wān zuǐ xī niǎo
Eastern Yellow-billed Hornbill

LC

⟷	平均 51 厘米
🍎	以蝗虫及白蚁为主要食物，亦食小型脊椎动物及植物果实
🏠	干旱、半干旱地区的灌丛及林地
▦	成对或以家庭为单位

体形比德氏弯嘴犀鸟更大。外形上与红嘴弯嘴犀鸟相似，但嘴为黄色。

仅分布于非洲东部，如乌干达东北部、肯尼亚大部及坦桑尼亚东北部。

冕弯嘴犀鸟
miǎn wān zuǐ xī niǎo
Lophoceros alboterminatus
Crowned Hornbill

 50 ~ 55 厘米

以节肢动物和植物果实为主要食物，亦食小型无脊椎动物

林地

单独或集小群

体羽棕黑色，胸部淡棕黑色，下胸、腹部至臀部白色。嘴橘红色，雄性略长，盔突略大。虹膜黄色。

仅分布于非洲。东非地区全境可见。

黑嘴弯嘴犀鸟 *Lophoceros nasutus*

hēi zuǐ wān zuǐ xī niǎo

African Grey Hornbill

LC

雄

↔	平均 51 厘米
🍎	以昆虫为主要食物，亦食小型无脊椎动物
🏠	灌丛、林地及林间草地
⠿	成对或集群

亦称非洲灰犀鸟。

头部及上体黑色，具一白色眉纹。喉部黑色，并自胸部至腹部渐变为白色，尾羽黑色。嘴黑色，上嘴基部下侧白色；雌鸟嘴端部橘色，上嘴基部白色。

分布于非洲及亚洲的阿拉伯半岛。东非地区全境可见。

银颊噪犀鸟 *Bycanistes brevis*
yín jiá zào xī niǎo
Silvery-cheeked Hornbill

LC

雄

雌

↔ 60 ~ 74 厘米

🍎 以水果为主要食物，亦食昆虫、蜥蜴、小鸟

🏠 森林及花园

▦ 以家庭为单位

　　体羽黑色。下腹部、臀部、腰部、腿基部及外侧尾羽末端白色，颊部银白色。嘴粗壮而略下弯，上嘴上侧具一大的皮黄色盔突。雄鸟盔突端部向前伸出，呈锐角，眼及眼周黑色；雌鸟盔突不向前突出，呈钝角，眼黑色，眼周红色。

　　仅分布于非洲。东非地区主要分布于肯尼亚中部至坦桑尼亚西南部一带。

红额钟声拟䴕 *Pogoniulus pusillus*
hóng é zhōng shēng nǐ liè

Red-fronted Tinkerbird

LC

 9.5 ~ 11.5 厘米

 以植物果实（浆果）为主要食物

 干旱地区的林地、灌丛、花园

 单独或成对

亦称红额扑䴕。

上体黑、白、黄三色相间，下体淡黄色。额红色，嘴及脚黑灰色。

仅分布于非洲。东非地区主要分布于乌干达东北部、肯尼亚大部及坦桑尼亚东北部。

红额拟鴷

hóng é nǐ liè

Tricholaema diademata

Red-fronted Barbet

↔	16～17 厘米
🍎	以植物果实为主要食物，亦食白蚁、蝗虫等昆虫
🏠	林地、林间草地及灌丛
▦	单独或成对

亦称红额拟啄木鸟。

与红额钟声拟鴷相似，但体形更大、嘴更厚。具宽阔的黄白色眉纹，喉部白色，上体白色较少而黄色较多，胁部具黑色斑点。

仅分布于非洲东部，如肯尼亚西南部至坦桑尼亚中部一带。

红黄拟䴕
hóng huáng nǐ liè

Trachyphonus erythrocephalus
Red-and-yellow Barbet

 20～23 厘米

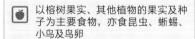 以榕树果实、其他植物的果实及种子为主要食物，亦食昆虫、蜥蜴、小鸟及鸟卵

🏠 开阔的林地、灌丛、草地等

▦ 成对或以家庭为单位

亦称红黄拟啄木鸟。

头部红色或黄色，耳羽白色，顶冠、喉及眼先黑色。上体及尾黑色，具大量白色斑点。胸部浅橘黄色，胸腹之间具一黑白相间领环，腹部淡黄色，臀部红色。嘴淡粉色，虹膜黑色。

仅分布于非洲东部，如乌干达东北部，肯尼亚大部至坦桑尼亚中西部。

东非拟䴕

dōng fēi nǐ liè

Trachyphonus darnaudii

D'Arnaud's Barbet

 16 ~ 19 厘米

以植物的果实及昆虫为主要食物

开阔的林地、灌丛、草地

成对或以家庭为单位

亦称东非拟啄木鸟。

头部及胸部黄色，具细密的黑色斑点。顶冠、喉部及领部黑色。上体棕黑色，具细密的白色斑点；下体灰白色，下胸至上腹部具黑色斑点，臀部红色。嘴浅黑色，眼黑色。

仅分布于非洲东部，如乌干达西北部和东北部，肯尼亚大部及坦桑尼亚东北部。

东非啄木鸟
dōng fēi zhuó mù niǎo

Campethera nubica
Nubian Woodpecker

LC

雌

↔	20 ~ 23 厘米
🍎	以蚂蚁为主要食物，亦食白蚁及其他昆虫
🏠	灌丛、草地、林地及乔木稀树草原
⦙⦙⦙	单独或成对

　　上体棕绿色，杂以白色斑点，颈部及胁部具棕绿色斑点。下体白色或淡黄色，具棕绿色斑点，耳羽具黑白相间的条纹。雄性额、头顶至头后及须纹红色；雌性仅头后部红色，额、头顶及颊部黑色，具白斑点。

　　仅分布于非洲东部，如肯尼亚，以及乌干达大部分地区、坦桑尼亚中部地区。

须啄木鸟
xū zhuó mù niǎo

Dendropicos namaquus
Bearded Woodpecker

LC

雄

 24 ~ 27 厘米

以蛾、白蚁等昆虫为主要食物，喜食树木中的甲虫幼虫，也会捕捉壁虎、蜥蜴饲喂雏鸟

开阔的林地

单独或成对

上体深黄绿色，具白色斑点；下体淡绿色，具白色斑纹。头白色，额、眼后纹、须纹及枕部黑色，额部具细密的白色斑点。雄鸟顶冠红色，雌鸟顶冠黑色。

仅分布于非洲。除肯尼亚东北部、乌干达中部及坦桑尼亚东部，东非地区全境可见。

273

灰啄木鸟
huī zhuó mù niǎo

Dendropicos goertae
Grey Woodpecker

LC

雄

D. g. goertae

D. g. rhodeogaster

⟷ 19～20 厘米

🍎 以蚂蚁、白蚁、甲虫幼虫等为主要食物

🏠 林地、林间草地、红树林、灌丛、花园及农田

⠿ 单独或成对

上体黄绿色，头部及下体灰色，下腹部红色。雄鸟顶冠红色，雌鸟无红色顶冠。

仅分布于非洲。东非地区主要分布于乌干达全境、肯尼亚西南部，以及坦桑尼亚、卢旺达、布隆迪三国交界地区。

非洲侏隼
fēi zhōu zhū sǔn

Polihierax semitorquatus

African Pygmy-falcon

LC 附录 II

雌

↔ 18 ~ 21 厘米

🍎 以蜥蜴及大型昆虫为主要食物，亦食啮齿动物、鸟类及其他节肢动物

🏠 稀树草原及半干旱地区的灌丛

⋮⋮⋮ 成对或以家庭为单位

　　体形小巧。上体灰色，下体白色。飞羽背面黑色，具灰白色斑点，腹面白色；腰白色；尾羽黑色，尾羽上的灰白色斑点形成横纹。雌鸟背部栗色。眼周裸露呈红色。

　　仅分布于非洲。东非地区主要分布于肯尼亚全境、乌干达东北部及坦桑尼亚东北部地区。

红隼
hóng sǔn

Falco tinnunculus
Common Kestrel

LC 附录 II

↔	27 ~ 35 厘米
🍎	小型哺乳动物、蜥蜴及昆虫等
🏠	林地、灌丛、草原、湿地及城市等
⠿	单独或成对

　　上体砖红色，具黑色斑点；下体淡棕色，具纵行黑色斑点。雄鸟头部深灰色；雌鸟头部淡红褐色，耳羽淡黄褐色，且体形略大。翼下为白色，具黑色横行条纹，翼上侧飞羽为黑色。

　　广泛分布于欧洲、亚洲及非洲。东非地区全境可见（留鸟）。

黄爪隼 *Falco naumanni*
huáng zhuǎ sǔn
Lesser Kestrel

↔ 29 ~ 33 厘米

🍎 以昆虫为主要食物，包括蝗虫、蟋蟀、大型甲虫等，亦食其他无脊椎动物

🏠 植被较少的草地、荒漠、耕地及城市等

▦ 集小群或集大群

与红隼相似，但头部灰色更淡，背部及肩部无黑色斑点，胸腹部黑色斑点较小。飞翔时可见肩部与飞羽之间具一灰色条带，翅膀腹面黑色斑点更少、更清晰。

越冬于非洲及亚洲南部，繁殖于欧亚大陆中东部。东非地区全境可见（越冬季）。

灰隼
hui sǔn

Falco ardosiaceus

Grey Kestrel

LC 附录 II

↔	28 ~ 33 厘米
🍎	以小鸟及小型爬行动物为主要食物
🏠	灌丛、林间草地
⸬	成对

体羽灰黑色，虹膜及嘴黑色，眼周皮肤裸出呈黄色，蜡膜及脚黄色。栖止时飞羽末端不及尾羽。

仅分布于非洲。除肯尼亚东北部及坦桑尼亚东南部，东非地区全境可见。

褐鹦鹉
hè yīng wǔ

Poicephalus meyeri
Meyer's Parrot

↔	平均 23 厘米
🍎	植物果实、种子及稻谷
🏠	林地灌丛及农田
⠿	成对或集群

亦称麦耶氏鹦鹉、迈耶氏鹦鹉。

上体及头颈部棕灰色，下体及腰部蓝绿色。肩部、顶冠及腿周羽毛黄色。亚成体顶冠及腿周不为黄色，仍为棕灰色。

仅分布于非洲。除肯尼亚东部及坦桑尼亚东部，东非地区全境可见。

生性机警，较怕人；食物匮乏时会集大群活动。

费氏牡丹鹦鹉 *Agapornis fischeri*
fèi shì mǔ dān yīng wǔ
Fischer's Lovebird

NT 附录 II

平均 15 厘米

以多种植物的种子为主要食物

乔木稀树草原、农田等

成对或集群

亦称费氏情侣鹦鹉；俗称爱情鸟。

头部深橘红色，顶冠黑褐色，颈部橘黄色，胸部黄绿色，体余部绿色。嘴橘红色，虹膜黑色，眼周裸出呈白色。

仅分布于维多利亚湖南岸、东岸至坦桑尼亚北部一带。

黄领牡丹鹦鹉
huáng lǐng mǔ dān yīng wǔ

Agapornis personatus
Yellow-collared Lovebird

LC 附录II

 平均15厘米

以植物种子为主要食物

林地及林间草地

成对或集群

亦称伪装情侣鹦鹉；俗称爱情鸟。

与费氏牡丹鹦鹉相似，但头部为深棕黑色，与宽阔而明显的黄色领部对比明显。

仅分布于肯尼亚南部至坦桑尼亚一带。

红腹鹦鹉 *Poicephalus rufiventris*
hóng fù yīng wǔ
Red-bellied Parrot

LC 附录 II

雌

 平均 24 厘米

 昆虫及植物果实

 干旱、半干旱地区的灌丛、林间草地

 成对或集小群

雄

　　头部、颈部及上体褐色。雄鸟胸部至上腹棕红色，下腹至臀部绿色；雌鸟胸部、腹部及臀部绿色。

　　仅分布于非洲东部，如肯尼亚东部至坦桑尼亚东北部一带。

点颊蓬背鹟
diǎn ké péng bèi wēng

Batis molitor
Chinspot Batis

雄

雌

↔ 10 ~ 13 厘米

🐛 以昆虫为主要食物

🏠 林地及花园

⠿ 成对

　　顶冠及上体灰黑色，颏、喉至颈侧及腹、臀白色。眼先至枕部具宽阔的黑色"眼罩"，胸部具宽阔的黑色胸带。翼覆羽黑白相间，飞羽灰色。雌鸟胸带棕色，喉部中央具棕色斑块。

　　仅分布于非洲。除乌干达西北部、肯尼亚东北部及坦桑尼亚东南部，东非地区全境可见。

粉斑丛䴗 *Rhodophoneus cruentus*
fěn bān cóng jú
Rosy-patched Bush-shrike

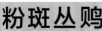

LC

雌

 22 ~ 23.5 厘米

 以昆虫为主要食物

 干旱、半干旱地区的灌丛

 成对或集小群

　　上体棕灰色，下体淡棕色。雄鸟喉部、胸部及腰部粉红色，或具黑色须纹及喉纹。雌鸟与雄鸟相似，但喉部白色，须纹至胸带为黑色。

　　仅分布于非洲。东非地区主要分布于肯尼亚大部及坦桑尼亚东北部。

热带黑䴗
rè dài hēi jú

Laniarius aethiopicus
Tropical Boubou

LC

 19.5 ~ 25 厘米

以昆虫为主要食物，偶食蜗牛、壁虎、鼠类、鸟类、鸟卵及植物果实

水边的茂密林地、灌丛、农田及花园

成对

亦称热带黑伯劳。

头部、上体及尾黑色，翅部具一白纹；下体白色，腹部略具淡粉色。

仅分布于非洲。除肯尼亚东北部及坦桑尼亚中部，广泛分布于东非大部分地区。

荒 漠 伯 劳 *Lanius isabellinus*
huāng mò bó láo Isabelline Shrike

LC

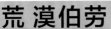

↔ 17.5 ~ 18 厘米

🍎 以甲虫、蟋蟀、蝗虫等昆虫为主要食物,亦食鼠类、小型蜥蜴及小鸟

🏠 干旱的草原

▦ 单独

　　头顶至背棕灰色,具黑色贯眼纹,眉纹白色。喉部及下体乳白色,胁部淡棕色。腰及尾栗色,飞羽黑色,羽缘淡棕色。嘴、虹膜及腿黑色。

　　越冬于非洲、亚洲的阿拉伯半岛及亚洲西北部,繁殖于亚洲中东部。东非地区主要分布于乌干达及肯尼亚全境,卢旺达东北部及坦桑尼亚东北部(越冬地)。

灰背长尾伯劳 *Lanius excubitoroides*
huī bèi cháng wěi bó láo
Grey-backed Fiscal

LC

 19.5 ~ 23 厘米

以昆虫为主要食物，亦食蠕虫、蜘蛛、蝎、蜗牛、蛙、小型蜥蜴、蛇类及植物果实等

具灌丛的开阔草原、荒漠、农田及花园

集小群

亦称灰背伯劳。

头顶至背部灰色。"眼罩"黑色，翼羽黑色，翼羽下侧具一灰白色斑点。喉部及下体白色。中央尾羽黑色，外侧尾羽白色，末端黑色。

仅分布于非洲。除肯尼亚东北部，东非地区全境可见。

领伯劳

lǐng bó láo

Lanius collaris

Common Fiscal

LC

↔	21 ~ 23 厘米
🍎	以无脊椎动物为主要食物，亦食蛙、蜥蜴、鼠类等及植物种子
🏠	半荒漠地区、林间矮草草地、灌丛
⊞	单独或成对

　　上头、上体及尾羽黑色，腰及下体白色。栖止时上体具 "V" 形白纹，翼下缘具白色斑点。嘴、虹膜及腿黑色。

　　仅分布于非洲。东非地区主要分布于维多利亚湖沿湖地区，零散地分布于坦桑尼亚中东部地区。

东非长尾伯劳 *Lanius cabanisi*

dōng fēi cháng wěi bó láo   Long-tailed Fiscal

- ↔ 26 ~ 30 厘米

- 以甲虫、蝗虫等昆虫，蜥蜴、蛇类及小鸟为主要食物，亦食植物的果实

- 稀树草原、林间灌丛及耕地

- 单独或成对

与领伯劳相似，但背部灰黑色，无白色"V"形纹。

仅分布于非洲东部，如肯尼亚东南部至坦桑尼亚中东部。

白腰林鵙
bái yāo lín jú

Eurocephalus ruppelli
Northern White-crowned Shrike

LC

 19 ~ 23 厘米

 昆虫

 干旱灌丛、开阔林地

集小群

　　头部白色，贯眼纹、耳羽及枕侧黑色。上体及尾羽黑色，下体及头部白色。嘴、眼及脚黑色。

　　仅分布于非洲东部地区，如肯尼亚、乌干达及坦桑尼亚等。

叉尾卷尾 *Dicrurus adsimilis*
chā wěi juǎn wěi
Fork-tailed Drongo

左亚成，右成

23 ~ 26 厘米

以体形较大的昆虫为主要食物，包括蛾、蝗虫及甲虫等

林地、稀树草原及农田

单独或成对

　　体羽黑色，具蓝色金属光泽。栖止时尾梢呈叉状，尾羽末端向上卷曲。虹膜棕红色。嘴及脚黑色。
　　仅分布于非洲。东非地区全境可见。
　　善于模仿 30 余种其他动物的报警叫声，甚至以此骗取食物。

非洲寿带
fēi zhōu shòu dài
Terpsiphone viridis
African Paradise Flycatcher

LC

雄

雌

⟷ 非繁殖季全长平均18厘米，繁殖季雄鸟尾长10～18厘米

🍎 以昆虫及其卵和幼虫、蜘蛛、植物的浆果等为食

🏠 开阔的林地、灌丛、花园及农田

▦ 单独或成对

　　雄鸟具两个色型：栗色型上体及尾红褐色，头部至胸部蓝黑色，具冠羽，上腹蓝灰色，下腹及臀部白色；白色型仅头部及初级飞羽蓝灰色，体余部白色。两种色型的雄鸟中央尾羽均长。雌鸟尾羽较短，与栗色型雄鸟羽色相似。

　　仅分布于非洲及亚洲的阿拉伯半岛。除肯尼亚东北部，东非地区全境可见。

家鸦 *Corvus splendens*
jiā yā House Crow

LC

平均 33 厘米

以人类食物、垃圾、昆虫、小型脊椎动物及植物果实等为食

人为引入的鸟种，常在人类居住地附近活动

集松散的群体

体羽灰黑色，头前侧深黑色。翼羽蓝紫色，略具金属光泽。

主要分布于亚洲东南部。东非地区仅分布于肯尼亚东南部及坦桑尼亚东北部的沿海地区。

扇尾渡鸦 *Corvus rhipidurus*
shàn wěi dù yā　Fan-tailed Raven

LC

↔	平均 46 厘米
🍎	以植物果实及昆虫为主要食物
🏠	干旱灌丛，周围常具崖壁
⊞	单独或集小群

　　体羽黑色，具金属光泽。与分布于东非的其他鸦类相比，嘴较厚，栖止时翼长超过尾。
　　分布于非洲及亚洲的阿拉伯半岛。东非地区主要分布于肯尼亚北部及乌干达东北部。

非洲白颈鸦 *Corvus albus*
fēi zhōu bái jǐng yā　Pied Crow

LC

↔	43~45 厘米
🍎	昆虫及小型脊椎动物（蛙、蜥蜴、鼠类、小鱼和小鸟）
🏠	开阔的草地、林地，农田、乡村和城市
⸬	成对、集小群或集大群

　　后颈、肩部、下胸及腹部的白色相互连通，体余部为黑色，具蓝色光泽。

　　仅分布于非洲（含马达加斯加）。东非地区全境可见。

　　常夜宿于大树之上，一棵大树上最多可达数千只。

非洲渡鸦 *Corvus albicollis*
fēi zhōu dù yā　White-necked Raven

LC

↔	平均 56 厘米
🍎	以昆虫、蜥蜴等动物为主要食物，亦食植物果实
🏠	稀树草原
⸬	成对或集小群

亦称白颈渡鸦、非洲白颈渡鸦。

体羽黑色。头部棕色，枕部白色。嘴厚而侧扁，黑色，端部白色。

仅分布于非洲。东非地区主要分布于肯尼亚西南部、坦桑尼亚中部、布隆迪、卢旺达及乌干达南部。

山鹂

shān lí

Oriolus percivali

Mountain Oriole

LC

平均 20 厘米

植物果实及无脊椎动物

山地森林及毗邻地区

单独或成对

亦称黄翅黑鹂。

头部及胸部黑色，飞羽及中央尾羽黑色，体余部黄色。嘴棕红色，虹膜棕红色，脚铅灰色。

仅分布于非洲东部。除肯尼亚东北部，东非地区全境可见。

白腹山雀 *Parus albiventris*
bái fù shān què   White-bellied Tit

↔	平均 14 厘米
🍎	小型无脊椎动物及植物种子
🏠	灌丛、开阔林地及林缘
⊞	单独

曾误称白胸山雀。

头部、上体及胸部黑色，腹部及臀部白色。飞羽黑色，外缘白色。

仅分布于非洲东部及西部。东非地区主要分布于乌干达东部、肯尼亚西南部及坦桑尼亚。

非洲 黄绣眼鸟 *Zosterops senegalensis*

fēi zhōu huáng xiù yǎn niǎo

African Yellow White-eye

LC

 平均 11 厘米

以小型无脊椎动物为主要食物，亦食植物的花蜜及果实

林地及灌丛

单独或成对

　　上体黄绿色，翼及尾黑绿色。下体黄色，胁部淡黄色。眼周白色，眼先黑色。嘴、眼及脚黑色。

　　仅分布于非洲。除肯尼亚东部及坦桑尼亚东北部，东非地区全境广布。

白颊雀百灵
bái jiá què bǎi líng

Eremopterix leucopareia
Fischer's Sparrow-lark

LC

雄

11 ~ 12 厘米

以草籽为主要食物，亦食昆虫

干旱、半干旱地区的草地、裸地

成对或集群

雌

　　雄鸟上体棕灰色，羽缘色淡；下体白色。颊部白色，额、顶冠至枕部棕色。贯眼纹、眼先、颏、喉、颈侧，以及由胸经腹至臀的腹中线均为黑色。雌鸟上体棕灰色，下体白色，眉纹、颈侧至胸部栗棕色，喉部白色，喉部至胸部具淡棕灰色纵纹，具细的黑色腹中线。

　　仅分布于非洲。东非地区主要分布于布隆迪及肯尼亚西南部、坦桑尼亚大部。

红顶短趾百灵

hóng dǐng duǎn zhǐ bǎi líng

Calandrella cinerea

Red-capped Lark

↔ 14 ~ 15 厘米

🍎 以草籽为主要食物，亦食昆虫

🏠 开阔的草地、裸地及收割后的农田

▦ 单独或集群

亦称短趾百灵。

上体黄褐色或浅棕色，下体白色。枕部红棕色，具黑色条纹。耳羽棕色，冠羽及胸侧棕红色。

仅分布于非洲。东非地区主要分布于卢旺达和布隆迪周边，以及肯尼亚和坦桑尼亚边境。

棕颈歌百灵
zōng jǐng gē bǎi líng

Mirafra africana
Rufous-naped Lark

LC

↔	15～18 厘米
🍎	昆虫及其他无脊椎动物
🏠	稀树草原
⣿	单独或成对

上体红棕色，具黑色斑点；下体棕黄色。胸部具黑色斑点。上嘴黑色，下嘴棕黄色。

仅分布于非洲。东非地区主要分布于肯尼亚西部、坦桑尼亚大部、乌干达南部、卢旺达、布隆迪。

黑眼鹎
hēi yǎn bēi

Pycnonotus barbatus
Common Bulbul

LC

15 ~ 20 厘米

以植物果实为主要食物，亦食花蜜、花、种子及节肢动物

林地、灌丛及花园

单独或集群

亦称羽须鹎、羽冠鹎、普通鹎。

头及尾棕黑色。上体棕色，颈、胸及肋部淡棕色，腹部白色，臀部黄色。嘴、虹膜及腿黑色。

分布于非洲及欧洲南部。东非地区全境可见。

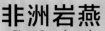

非洲岩燕
fēi zhōu yán yàn

Ptyonoprogne fuligula
Large Rock Martin, African Rock Martin

 11~12 厘米

 飞行的昆虫

 土崖或建筑周围

 成对或集松散的小群

亦称大岩燕。

体羽棕褐色，喉部棕黄色。飞翔时可见尾扇为平尾型，次末端具白色斑点。

仅分布于非洲。除肯尼亚东部和北部、坦桑尼亚西部及布隆迪南部，东非地区广布。

褐喉沙燕
hè hóu shā yàn

Riparia paludicola

African Plain Martin, Brown-throated Sand Martin

LC

 平均 12 厘米

以蚂蚁、蚜虫、甲虫、蜻蜓等昆虫为主要食物

草地、灌丛、沙丘、稻田等靠近水源的地区

常集 20 只左右的小群

　　上体棕灰色，喉以下的下体灰白色，上胸部具一宽阔的棕灰色条带。喉部褐色，上胸及腹部、臀部白色。嘴及脚灰白色，虹膜黑色。

　　仅分布于非洲。除肯尼亚东北部及坦桑尼亚东南部，东非地区全境可见。

家燕
jiā yàn

Hirundo rustica
Barn Swallow

LC

↔	平均 18 厘米
🍎	昆虫
🏠	多种开阔生境及人类居住地
⁙	集小群

　　头、上胸及上体蓝黑色，额、喉栗红色，下体淡褐色、白色。

　　除南极洲外，全球各大洲均有分布，多越冬于南半球，而繁殖于北半球。繁殖于中国的种群越冬于东南亚地区，而繁殖于欧洲的种群越冬于非洲。东非地区全境可见（越冬地）。

线尾燕
xiàn wěi yàn

Hirundo smithii
Wire-tailed Swallow

左亚成，右成

↔	平均 18 厘米
🍎	蝇、甲虫、蜻、蝴蝶和蛾、蜉蝣、蜂及白蚁等
🏠	稀树草原、开阔林地、农田及人类居住地
⽥	成对或集小群，或与其他燕类混群

　　眼先、耳羽至上体蓝黑色，下体白色，顶冠棕色。外侧尾羽特长似线。
　　分布于非洲及亚洲。除肯尼亚北部，东非地区全境可见。

小纹燕 *Cecropis abyssinica*
xiǎo wén yàn
Lesser Striped Swallow

LC

↔ 15～19厘米

🍎 以白蚁、蜂、甲虫及蝇等昆虫为主要食物

🏠 稀树草原、开阔林地、林缘、农田及人类居住地

▦ 成对或集小群

上体蓝黑色，下体白色，具纵行黑纹。头部及腰部金棕色。仅分布于非洲。东非地区全境可见。

塞内加尔燕 *Cecropis senegalensis*
sài nèi jiā ěr yàn
Mosque Swallow

LC

↔	平均 24 厘米
🍎	以蚂蚁、白蚁及蝇为主要食物
🏠	稀树草原、灌丛、林地、河边、农田及人类居住地附近
⊞	单独或集小群

腹部淡棕色，耳羽黄白色，耳羽后缘深棕色，腰金棕色。

仅分布于非洲。除肯尼亚东北部，东非地区全境可见。

棕红鸫鹛

zōng hóng dōng méi

Argya rubiginosa
Rufous Chatterer

 平均 19 厘米

昆虫

干旱灌丛

集小群

上体棕褐色，顶冠具细密的黑色纵纹，眼先黑色。下体棕黄色，喉部至上胸具细而短的白色纵纹。嘴黄色，虹膜淡黄色，脚粉色。

非洲东部地区仅分布于肯尼亚大部、坦桑尼亚北部及乌干达东北部。

黑眼先鸫鹛 *Turdoides sharpei*
hēi yǎn xiān dōng méi
Black-lored Babbler

LC

↔ 24～26 厘米

以无脊椎动物为主要食物，亦食蜥蜴及植物果实

河边林地、灌丛、乔木稀树草原及花园

集小群

体羽棕灰色，翼羽及尾羽色深，头、颈及胸部具淡色鱼鳞纹。喉部近白色。眼先黑色，嘴及腿黑色，眼黄色。

仅环非洲维多利亚湖分布。

善于寻找各类无脊椎动物，特别是昆虫幼虫等蠕虫，经常翻捡大象或其他食草动物的粪便。

箭纹鸫鹛 *Turdoides jardineii*

jiàn wén dōng méi

Arrow-marked Babbler

LC

↔	22 ~ 25 厘米
🍎	以昆虫及其他节肢动物为主要食物，亦食植物种子、果实
🏠	灌丛及林地
⠿	集小群

　　上体深灰褐色，下体灰褐色或棕褐色，具白色箭头状斑纹。虹膜黄色。

　　仅分布于非洲。东非地区主要分布于肯尼亚西南部、乌干达西南部及布隆迪大部，坦桑尼亚、卢旺达。

北斑鸫鹛

běi bān dōng méi

Turdoides hypoleuca

Northern Pied Babbler

LC

↔	22 ~ 25 厘米
🍎	无脊椎动物，植物的果实和种子
🏠	林缘、灌丛及次生林
⬚	集小群

　　头部、上体及尾羽棕黑色，颈侧及胁部棕黑色。颏、喉及下体白色。嘴及眼先黑色，虹膜白色。脚黑色。

　　仅分布于东非地区的肯尼亚中南部及坦桑尼亚东北部。

肉垂椋鸟 *Creatophora cinerea*
ròu chuí liáng niǎo
Wattled Starling

LC

⟷ 平均 21 厘米

🍎 以白蚁、甲虫、螳螂等昆虫为主要食物，亦食植物的果实（榕果或浆果）、花蜜

🏠 林地、灌丛、草原及农田

▦ 集群

　　非繁殖季的雄鸟、雌鸟与繁殖季的雌鸟都和亚成体相似。体羽灰色，飞羽及尾羽黑色。虹膜黑色。嘴及脚肉色。成鸟眼后肉垂呈黄色，幼鸟具白色眼环。繁殖季雄鸟枕部皮肤黄色，额部及喉部具黑色肉垂。

　　仅分布于非洲。东非地区广泛分布于肯尼亚及乌干达，零散地分布于卢旺达、布隆迪及坦桑尼亚。

蓝耳辉椋鸟

lán ěr huī liáng niǎo

Lamprotornis chalybaeus
Greater Blue-eared Starling

LC

 21～24 厘米

植物果实和昆虫

热带雨林、稀树草原、灌丛、农田及花园

成对或集小群

体蓝绿色，腹部蓝色，具金属光泽。耳羽及眼先深蓝色。虹膜橘黄色。

仅分布于非洲。东非大部分地区可见。

大多数椋鸟科的鸟类适应性强，聪明且胆大，不怕人，较为常见。

卢氏辉椋鸟
lú shì huī liáng niǎo

Lamprotornis purpuroptera
Rueppell's Glossy Starling

LC

↔	平均 35 厘米
🍎	以植物的花和果实及昆虫等为主要食物。人类居住地附近的个体会取食人类的食物
🏠	干旱地区的草地、林地及灌丛
⊞	成对或集小群

亦称小长尾辉椋鸟。

体羽蓝紫色，头蓝黑色，具金属光泽。虹膜白色。飞翔时可见尾羽为梯尾型。

仅分布于非洲。东非地区广泛分布于乌干达全境，零散地分布于坦桑尼亚西北部、卢旺达和布隆迪。

栗头丽椋鸟
lì tóu lì liáng niǎo

Lamprotornis superbus
Superb Starling

LC

↔	平均 18 厘米
🍎	以昆虫为主要食物，亦食植物的果实和花，甚至会捡食或抢食人类的食物
🏠	开阔林地、灌丛、草地、花园、农田及人类居住地附近
:::	集小群

　　头部深栗色，具蓝色金属光泽。枕、颈、胸及上背蓝绿色，腹栗色，臀白色，颈部与胸部之间具一白色胸带。嘴黑色，虹膜白色。腿铅灰色。

　　仅分布于非洲东部，如乌干达东北部、坦桑尼亚大部及肯尼亚等。

　　东非最常见的鸟类之一。

希氏丽椋鸟 *Lamprotornis hildebrandti*

xī shì lì liáng niǎo

Hildebrandt's Starling

LC

平均 18 厘米

以甲虫、蝗虫、白蚁等昆虫为主要食物，亦食植物种子及果实

开阔林地、灌丛

成对或集小群

与栗头丽椋鸟相似，但虹膜棕黄色，无白色胸带，臀部与腹部同为棕栗色。

仅分布于非洲的肯尼亚中部至坦桑尼亚东北部。

白腹紫椋鸟 *Cinnyricinclus leucogaster*
bái fù zǐ liáng niǎo
Violet-backed Starling

16 ~ 17 厘米

以榕果为主要食物，亦食昆虫

开阔林地及沿河林地

单独或成对

亦称紫背椋鸟。

头部、胸部及上体紫色，具金属光泽，下体白色。虹膜黄色。嘴及腿黑灰色。

分布于非洲及亚洲的阿拉伯半岛。除肯尼亚东北部，东非地区全境可见。

红翅椋鸟 *Onychognathus morio*
hóng chì liáng niǎo   Red-winged Starling

LC

↔	平均 30 厘米
🍎	以植物的果实为主，亦食昆虫及蜗牛、蟹等
🏠	悬崖、岩壁及城市
▦	成对或集小群

亦称南非红翅椋鸟。

体羽蓝黑色，具金属光泽。飞翔时可见栗红色初级飞羽，仅其后缘末端为黑色。雌雄相似，但雌鸟头部偏灰。

仅分布于非洲。东非地区主要分布于乌干达东北部、肯尼亚中西部及坦桑尼亚大部。

须冠栗翅椋鸟 *Onychognathus salvadorii*
xū guān lì chì liáng niǎo
Bristle-crowned starling

LC

40 ~ 42 厘米

以植物果实为主要食物

悬崖、岩壁及城市、花园

成对或集小群

亦称竖冠栗翅椋鸟。

体羽蓝黑色，具金属光泽。额部具团簇状冠羽。飞翔时可见红棕色初级飞羽。其尾羽甚长，呈梯状。

仅分布于非洲东部。东非地区主要分布于肯尼亚西北部至乌干达东北部。

红嘴牛椋鸟 *Buphagus erythrorynchus*

hóng zuǐ niú liáng niǎo

Red-billed Oxpecker

LC

 平均 20 厘米

主要以大型哺乳动物的体外寄生虫为食，包括蜱、虱、螨和蛭等，亦食宿主动物的血液和体液

稀树草原地区的大型哺乳动物身上

多集松散的群体，常与黄嘴牛椋鸟混群

俗称犀牛鸟。

腹部、臀部及腰部淡黄褐色，体余部棕灰色。嘴红色。虹膜红色，眼环黄色。脚棕黑色。

仅分布于非洲。广泛分布于东非大部分地区。

黄 嘴 牛 椋 鸟
huáng zuǐ niú liáng niǎo
Buphagus africanus
Yellow-billed Oxpecker

LC

左亚成，右成

平均 20 厘米

主要以大型哺乳动物的体外寄生虫为食，包括蜱、虱、跳蚤等，亦食宿主动物的血液和体液

稀树草原地区的大型哺乳动物身上

多集松散的群体，常与红嘴牛椋鸟混群

俗称犀牛鸟。

与红嘴牛椋鸟相似，但嘴基黄色，嘴端红色，眼周不具黄色眼环，腰部淡黄色。

仅分布于非洲。零散地分布于东非大部分地区。

白眼黑鹟

bái yǎn hēi wēng

Melaenornis fischeri
White-eyed Slaty-flycatcher

LC

- 15 ~ 17 厘米
- 以昆虫为主要食物，亦食蛙及蜥蜴
- 植被茂密的山地、林地及村庄旁的林地
- 单独或成对

亚成

亦称灰黑鹟。

上体深灰色，下体淡灰褐色。嘴深灰色，端部黑色，虹膜及脚黑色，眼圈白色。幼鸟上体杂以白色斑点。

仅分布于非洲。东非地区主要分布于卢旺达、布隆迪，以及乌干达西南部和东北部，肯尼亚西部，坦桑尼亚东北部和南部。

欧柳莺

ōu liǔ yīng

Phylloscopus trochilus

Willow Warbler

LC

↔	11 ～ 12.5 厘米
🍎	以昆虫（成虫、幼虫及卵）为主要食物，亦食植物种子及果实
🏠	林地
▦	单独

　　上体绿褐色，下颊、喉及胸部淡黄色。腹部及臀部白色。眉纹淡黄色，贯眼纹褐色，耳羽黄褐色。

　　越冬于非洲，繁殖于欧亚大陆北部。除乌干达北部及肯尼亚北部，东非地区全境可见（越冬地）。

红脸森莺 *Sylvietta whytii*
hóng liǎn sēn yīng Red-faced Crombec

LC

 平均 9 厘米

小型无脊椎动物

林地及灌丛

单独或成对

　　尾羽极短的莺类。头部及下体淡棕黄色，头顶及上体淡灰色。上嘴黑色，下嘴橘红色。虹膜棕红色。腿棕褐色。
　　仅分布于非洲。东非地区全境可见。
　　常单独在枝条或树叶间快速移动，较为机警。

短尾森莺
duǎn wěi sēn yīng

Sylvietta brachyura
Northern Crombec

LC

平均 8 厘米

小型无脊椎动物

林地、花园及干旱灌丛

单独或成对

　　与红脸森莺相似，但具棕褐色贯眼纹，喉部或颊部色淡，腹部至臀部色淡。
　　仅分布于非洲。东非地区主要分布于肯尼亚及乌干达。

灰背拱翅莺 *Camaroptera brevicaudata*
huī bèi gǒng chì yīng
Grey-backed Camaroptera

LC

 平均 10 厘米

 昆虫及其他小型无脊椎动物

 林地、灌丛、花园及农田

 单独

　　颊部、头顶及背部棕灰色，翅黄绿色，下体浅灰白色。嘴黑色，虹膜棕红色，腿肉色。

　　仅分布于非洲。除肯尼亚东北部，东非地区全境可见。

　　也有观点认为，该种与绿背拱翅莺为同一种，即 *C. brachyura*。

巧扇尾莺
qiǎo shàn wěi yīng

Cisticola chiniana
Rattling Cisticola

 平均 14 厘米

昆虫及其他小型无脊椎动物

开阔林地、灌丛

单独

亦称轻捷扇尾莺。

头部及上体棕灰色，下体淡黄褐色，腹中线淡褐色。尾羽棕褐色，次末端黑色，末端白色。

仅分布于非洲。除肯尼亚东北部及维多利亚湖西岸，东非地区全境可见。

号声扇尾莺

hào shēng shàn wěi yīng

Argya marginatus

Winding Cisticola

LC

 平均 13 厘米

昆虫

临近水源的芦苇及纸莎草地

单独或集小群

亦称迂回扇尾莺。

头部棕黄色，上体灰白色，具黑色斑点，翼羽棕色。喉部至下体乳白色。尾黑灰色，次端部黑色，端部白色，梯状尾。

仅分布于非洲。东非地区主要分布于肯尼亚大部、坦桑尼亚北部及乌干达东北部。

灰顶莺
huī dǐng yīng

Eminia lepida

Grey-capped Warbler

LC

平均 15 厘米

昆虫及其他无脊椎动物

林缘、灌丛及花园

成对

顶冠灰色，颊部白色，眼先黑色，眼先、眉纹及眼后纹延伸至枕部，颏部棕红色。上体及尾羽黄绿色；下体灰白色，胁部淡黄绿色。

仅分布于非洲东部地区，如肯尼亚西南部、坦桑尼亚北部、乌干达、卢旺达及布隆迪等。

非洲裸眼鸫
fēi zhōu luǒ yǎn dōng

Turdus tephronotus
Bare-eyed Thrush

LC

↔	20 ~ 22 厘米
🍎	以蛾、甲虫及蝇等昆虫为主要食物，亦食植物果实和种子
🏠	具刺的茂密的灌丛、果园及农田
⠿	单独或成对

　　头、颈至胸部灰色，上体灰褐色。喉部白色，具纵行黑纹，胁部橘红色，腹部及臀部白色。嘴及腿橘红色。眼周裸出呈橘红色，虹膜黄褐色。

　　仅分布于非洲东部地区，如肯尼亚东部至坦桑尼亚东北部等。

阿比西尼亚鸫 *Turdus abyssinicus*
ā bǐ xī ní yà dōng
Abyssinian Thrush

LC

 平均 22 厘米

昆虫及植物果实

草地、灌丛或林地

单独或成对

　　头部、上体及胸部深橄榄色，腹部及臀部白色，胁部橘黄色。嘴及眼环橘黄色，腿黄褐色。亚成体喉部至胸部白色，具密集的深橄榄色斑点。

　　仅分布于非洲。东非地区主要分布于卢旺达、布隆迪，乌干达西南、东北部，肯尼亚西部及坦桑尼亚中部。

　　原隶属橄榄鸫（*T. olivaceus*），后分布于东非的种群被提升至独立物种，现包括 6 个亚种。

白眉薮鸲 *Cercotrichas leucophrys*
bái méi sǒu qú
White-browed Scrub Robin

LC

 14 ~ 16 厘米

以白蚁、蚂蚁、甲虫、蛾等昆虫为主要食物，亦食植物的果实

森林及灌丛

单独或成对

亦称白翅薮鸲。

上体棕褐色，腰至尾棕红色。尾羽次末端黑色，末端白色。喉部至下体白色，具棕黑色纵纹，胁部棕红色。眉纹白色，贯眼纹黑褐色。

仅分布于非洲。东非地区全境可见。

白眉歌鹟
bái méi gē jí

Cossypha heuglini
White-browed Robin-chat

LC

↔	19 ~ 20 厘米
🍎	以蚂蚁、甲虫等为主要食物，亦食植物果实
🏠	林缘、灌丛及人类居住地附近
⚏	单独或成对

亚成

　　头部黑色，具白色长眉纹。上体蓝灰色，喉部、颈侧及下体橘黄色。飞翔时可见中央尾羽呈橄榄棕色。幼鸟上体淡蓝灰色，具橘色斑点，头部及下体灰橘色。嘴及脚灰黑色，眼黑色。

　　仅分布于非洲。除肯尼亚北部及东部，东非地区全境可见。

黄 喉 歌鸲 *Dessonornis caffer*
huáng hóu gē jí
Cape Robin-chat

⬌	平均 17 厘米
🍎	植物果实及昆虫等
🏠	林缘、农田及花园等
⦚	单独或成对

　　与白眉歌鸲相似，但胁部至腹部灰色，头顶至上体灰褐色。

　　仅分布于非洲。东非地区主要分布于肯尼亚西南部，坦桑尼亚北部至南部，卢旺达及布隆迪等。

斑晨鸫
bān chén dōng

Cichladusa guttata
Spotted Morning Thrush

LC

 16～17 厘米

无脊椎动物

干燥的森林、稀树草原及灌丛

单独或成对

亦称斑晨莺鸫。

头顶、头后及上体棕褐色，初级飞羽及尾羽红棕色；下体黄白色，具黑色斑点。眉纹、颊部及喉部白色，具黑色须纹。

仅分布于非洲。东非地区主要分布于乌干达北部、肯尼亚大部及坦桑尼亚东北部。

小矶鸫

xiǎo jī dōng

Monticola rufocinereus
Little Rock Thrush

↔	15 ~ 16 厘米
🍎	以蝗虫、甲虫、蛾等昆虫为主要食物，亦食植物果实
🏠	多岩石而有树木的稀树草原及林缘
⸬	成对

喉部及胸部蓝灰色，头部及上体深灰色，下体橘红色。嘴、虹膜及腿黑色。

分布于非洲及亚洲的阿拉伯半岛。东非地区主要分布于乌干达东部、肯尼亚西南部及坦桑尼亚东北部。

桂红蚁鹏
guì hóng yǐ jí

Thamnolaea cinnamomeiventris

Mocking Cliff-chat

↔	19 ~ 21 厘米
🍎	以榕果及昆虫为主要食物，亦食花蜜
🏠	有岩石和树木的地区，包括林地及稀树草原中的悬崖、小丘等
⸬	成对

亦称肉桂蚁鹏。

体羽深棕黑色，下胸至臀部桂红色。雄鸟胸、腹之间具一横白纹，肩部具白斑；雌鸟胸、腹之间及肩部无白纹。

仅分布于非洲。除肯尼亚东北部、坦桑尼亚西南部和东南部，广泛分布于东非大部分地区。

北蚁鹏
běi yǐ jí
Myrmecocichla aethiops
Northern Anteater Chat

LC

 17～19 厘米

 以蛾、白蚁、甲虫、蚂蚁等昆虫为主要食物，偶食植物的果实

 矮草地、灌丛及白蚁巢附近

 成对或集小群

亦称蚁鹏。

体羽棕黑色，嘴、虹膜黑色，腿灰黑色。飞翔时可见背面白色的初级飞羽，其端部为黑色。

仅分布于非洲。东非地区主要分布于维多利亚湖北部、东部及东南部的狭窄区域。

暗色蚁䴗
àn sè yǐ jí

Myrmecocichla nigra
Sooty Chat

↔	16 ~ 18 厘米
🍎	以蛾、白蚁及蚂蚁等昆虫为食
🏠	稀树草原及林间的矮草草地
⚏	成对

　　与北蚁䴗相似，但羽色更黑，飞行时可见白色翅斑，仅局限于肩部。

　　仅分布于非洲。东非地区主要分布于肯尼亚西南部、坦桑尼亚北部、乌干达、卢旺达和布隆迪。

穗䳭 *Oenanthe oenanthe*

suì jí   Wheatear

LC

雄

雌

- ⟷ 平均 15 厘米
- 🍎 昆虫
- 🏠 开阔生境
- ⦂⦂⦂ 单独或集小群

　　头顶至背部灰褐色，下体白色，颊部至上胸淡棕色。眉纹白色，贯眼纹黑色，嘴、眼及腿黑色。飞羽及中央尾羽黑色，外侧尾羽端部黑色，基部白色。雌鸟体羽黄褐色，喉部及下腹、臀淡褐色，飞羽黑色，外缘棕色，眼先黑色，耳羽黄褐色，嘴、眼及腿黑色。

　　广泛分布于非洲、欧洲、亚洲及北美洲。东非地区全境可见。

冕鹏

miǎn jí

Oenanthe pileata

Capped Wheatear

LC

17 ～ 18 厘米

昆虫，特别是蚂蚁

矮草草原

单独

　　额至眉纹白色，顶冠、头后至背部褐色。贯眼纹、耳羽、颈侧至胸部深棕黑色，喉部白色。下体淡黄褐色，胁部淡棕色。

　　仅分布于非洲。东非地区主要分布于肯尼亚南部及坦桑尼亚。

悲鹀 *Oenanthe lugens*
bēi jí Mourning Wheatear

↔ 平均 15 厘米

🍎 蚂蚁等昆虫

🏠 具零星灌木或杂草的崖壁

▦ 集群

亦称丧声鹀。

顶冠黄褐色，下胸至腹部白色，臀部棕黄色，体余部棕黑色。

分布于非洲及亚洲西南部。东非地区仅分布于肯尼亚南部至坦桑尼亚东北部的大裂谷之中。

沙䳭 *Oenanthe isabellina*
shā jí
Isabelline Wheatear

LC

16 ~ 17 厘米

蚂蚁、甲虫等昆虫及植物

干旱、开阔而植被稀疏的草原、荒漠等

集小群

　　顶冠至背黄褐色，耳羽、颈及胸浅褐色，眉纹、喉部、腹部及臀部浅黄色。飞羽具黑色条纹。眼先及尾羽黑色。嘴、虹膜及腿为黑色。

　　越冬于非洲及亚洲西南部，繁殖于欧洲东部及亚洲的中纬度地区。东非地区主要分布于乌干达东部、肯尼亚全境及坦桑尼亚东北部（越冬地）。

绿头花蜜鸟 *Cyanomitra verticalis*
lù tóu huā mì niǎo
Green-headed Sunbird

LC

 13 ~ 14 厘米

 花蜜及节肢动物

 林缘、次生林、花园及农田

 成对

亦称绿背花蜜鸟。

头部及胸部蓝绿色，具金属光泽。颈部、上体及尾羽棕褐色，下体灰色。雌鸟颏、喉亦为灰白色。

仅分布于非洲。东非地区主要分布于肯尼亚西南部、坦桑尼亚北部和西部、乌干达大部，以及卢旺达、布隆迪。

赤胸花蜜鸟
chì xiōng huā mì niǎo

Chalcomitra senegalensis
Scarlet-chested Sunbird

LC

雌

雄

🔁 10 ~ 11 厘米

🍎 花蜜、昆虫及蜘蛛

🏠 稀树草原、林地、灌丛、花园、农田

▦ 成对或于食源处集群

体羽近黑色，具紫色金属光泽。胸部鲜红色。额部及喉部蓝绿色，具金属光泽。雌鸟上体棕黑色，下体棕黄色，具棕色横纹，胸部红色。

仅分布于非洲。除肯尼亚东北部，东非地区全境可见。

花蜜鸟科的鸟类大多善于快速在花枝间移动。

亨氏花蜜鸟

hēng shì huā mì niǎo

Chalcomitra hunteri

Hunter's Sunbird

LC

↔	平均 15 厘米
🍎	以昆虫为主要食物，亦食浆果及花蜜
🏠	半干旱灌丛
⠿	单独或成对

与赤胸花蜜鸟相似，但喉部中央为黑色，喉侧及额部为蓝绿色。肩部紫色。雌鸟与赤胸花蜜鸟相似，但胸部的红色更宽。

仅分布于非洲东部，如肯尼亚东北部等。

东非 双 领花蜜鸟
dōng fēi shuāng lǐng huā mì niǎo

Cinnyris mediocris
Eastern Double-collared Sunbird

LC

 平均 11 厘米

花蜜及昆虫

林地、灌丛及花园

单独、成对或集小群

亦称东方重领花蜜鸟。

头颈部绿色。上胸具窄的蓝紫色横带，胸部红色，体余部棕黑色。

仅分布于东非地区的肯尼亚中部至南部，以及坦桑尼亚南部。

环颈直嘴太阳鸟

huán jǐng zhí zuǐ tài yáng niǎo

Hedydipna collaris

Collared Sunbird

雄

 平均 10 厘米

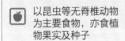 以昆虫等无脊椎动物为主要食物，亦食植物果实及种子

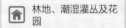 林地、潮湿灌丛及花园

 成对

雌

亦称领圈直嘴太阳鸟。

头颈部、胸部及上体绿色，具金属光泽。下体黄色。胸腹部之间具蓝紫色胸带，具金属光泽。嘴长不及头长，略向下弯，黑色。

仅分布于非洲。除肯尼亚北部及乌干达北部，东非地区全境可见。

杂色花蜜鸟 *Cinnyris venustus*

zá sè huā mì niǎo Variable Sunbird

LC

雄

 10～11厘米

 花蜜、昆虫及蜘蛛

 灌丛、林缘、农田及花园

 单独、成对或集小群

雌

亦称易变花蜜鸟。

头及背绿色，喉部蓝色，胸部紫色，均具金属光泽。腹至臀白色或淡黄色。腰及尾蓝绿色，具金属光泽。飞羽褐色。

仅分布于非洲。零散地分布于东非大部分地区。

长尾铜花蜜鸟

chánɡ wěi tónɡ huā mì niǎo

Nectarinia kilimensis

Bronze Sunbird

LC

↔	雄：平均 22 厘米 雌：平均 12 厘米
🍎	花蜜及节肢动物
🏠	林缘、灌丛、农田及花园
⸬	成对

亦称青铜花蜜鸟。

头、胸、上背、肩部和腰部黄绿色，具金属光泽。体余部黑色。中央尾羽特长。

仅分布于非洲。零散地分布于东非地区。

家麻雀 *Passer domesticus*
jiā má què
House Sparrow

LC

雄

↔ 14～18厘米

🍎 以谷物及其他植物种子为主要食物，亦食厨余垃圾；雏鸟孵化初期食动物性食物，此后逐渐向植物性食物过渡

🏠 人类居住地周围，如建筑物、农田；亦见于自然生境，但不深入林地、草原和荒漠的腹地

▦ 单独或集群

雌

　　颏、喉至上胸具一黑色"领带"，颊部白色。眼后、颈侧棕色，顶冠灰色。上体红棕色。下体及腰部灰白色，胁部淡栗色。翼覆羽及尾羽具黑色斑纹，肩部具白斑。眼先黑色，嘴灰黑色，基部铅灰色。虹膜黑色。腿黄褐色。雌鸟无"领带"，体色淡，嘴基黄色。

　　原分布于欧洲、亚洲及非洲北部，后被人为引入至全球各大洲。东非地区主要分布于肯尼亚南部至坦桑尼亚东北角。

棕麻雀 *Passer rufocinctus*

zōng má què Kenya Sparrow

LC

↔	13 ~ 14 厘米
🍎	植物的种子及厨余垃圾，雏鸟被饲喂昆虫
🏠	乔木稀树草原、开阔林地、农田、乡村及城市
⠿	成对或集小群

顶冠至上背灰色，上体棕栗色，背部具黑色条纹，翼羽深栗色。侧冠纹棕色，弯曲并向后下侧延伸至颈侧。贯眼纹黑色。喉部黑色，脸颊灰色。下体灰白色。嘴黑色。虹膜黄色。腿蓝灰色。

仅分布于非洲。东非地区主要分布于乌干达北部，肯尼亚西南部至坦桑尼亚东北部。

北灰头麻雀
běi huī tóu má què

Passer griseus
Northern Grey-headed Sparrow

LC

↔	14～15 厘米
🍎	以谷物、浆果及其他植物的种子为主要食物，亦食厨余垃圾。雏鸟被饲喂昆虫
🏠	常见于农田及人类居住地附近，亦可见于稀树草原及林地
⊞	集小群

亦称灰头麻雀。

头部灰色，喉部、腹部及臀部白色，胸部及胁部淡灰色。上体棕色，肩部具白色斑点。眼及眼先黑色。脚黄褐色。

仅分布于非洲。东非地区主要分布于肯尼亚西部和南部，坦桑尼亚西部和东部，乌干达、卢旺达、布隆迪。

鹦嘴麻雀 *Passer gongonensis*
yīng zuǐ má què
Parrot-billed Sparrow

LC

 17 ~ 18 厘米

 草籽

 开阔林地、灌丛、乡村及公园

成对或集小群

与北灰头麻雀相似，但嘴更厚重，似鹦嘴，故名。下腹至臀部淡灰色。

仅分布于非洲东部，如乌干达东部、肯尼亚大部及坦桑尼亚东北部等。

栗麻雀
lì má què

Passer eminibey
Chestnut Sparrow

LC

↔	10.5 ~ 11.5 厘米
🍎	草籽及厨余垃圾，雏鸟食草籽及昆虫
🏠	干旱的乔木稀树草原，常接近沼泽或人类居住地
⠿	常集小群或集大群，亦单独或成对

雄鸟体羽栗色，嘴黑色，嘴基部铅灰色。眼黑色，腿浅褐色。飞羽近黑色。雌鸟颊部、顶冠及上背灰色，眉纹及喉部栗色，上体栗棕色，背部具黑色条纹，尾黑灰色，下体淡栗色，腹及臀近白色，嘴及脚浅褐色，虹膜黑色。

仅分布于非洲东部，如乌干达东北部、肯尼亚西南部至坦桑尼亚东北部等。

红嘴牛文鸟 *Bubalornis niger*
hóng zuǐ niú wén niǎo   Red-billed Buffalo-weaver

LC

 平均 22 厘米

以昆虫为主要食物，亦食蜘蛛、蝎及植物种子、果实

乔木稀树草原

集小群

　　雄鸟体羽黑色，嘴橘红色，胸侧具白斑。飞翔时可见翼下初级飞羽具白色条纹。雌鸟体羽棕黑色，喉部及下体具深棕色斑纹，嘴橘红色。

　　仅分布于非洲。东非地区主要分布于肯尼亚及坦桑尼亚东北部。

白头牛文鸟
bái tóu niú wén niǎo

Dinemellia dinemelli
White-headed Buffalo-weaver

LC

↔	平均 18 厘米
🍎	以昆虫为主要食物，亦食植物种子及果实
🏠	稀树草原及干旱灌丛
⦂	常集 3 ~ 6 只的小群

　　头、颈及下体白色，腰及臀红色。上体棕黑色，羽缘淡褐色。嘴、眼及腿黑色。

　　仅分布于非洲东部，如乌干达东北部、坦桑尼亚东北部及肯尼亚大部等。

灰头群织雀
hui tóu qún zhi què

Pseudonigrita arnaudi
Grey-capped Social Weaver

LC

↔	11 ~ 12 厘米
🍎	以植物种子为主要食物，亦食昆虫
🏠	灌丛、林地及半荒漠地区
▦	集群

亦称灰头拟厦鸟。

体羽棕褐色，头顶灰色，背部棕灰色。嘴黑色。眼黑色，具黄白色眼圈。脚棕褐色。

仅分布于非洲。东非地区主要分布于乌干达北部，肯尼亚西南部至坦桑尼亚西南部。

黑头群织雀
hēi tóu qún zhī què

Pseudonigrita cabanisi
Black-capped Social-weaver

LC

 平均 13 厘米

以植物种子为主要食物，亦食昆虫

干旱灌丛

集群

亦称黑头拟厦鸟。

额、头顶及耳羽黑色，颏、颊、喉及下体白色，上体棕黄色，胁部及腹中线黑色。

零散地分布于东非地区的肯尼亚东北部至坦桑尼亚东北部。

纹胸织雀
wén xiōng zhī què

Plocepasser mahali
White-browed Sparrow-weaver

LC

 平均 17 厘米

 昆虫及植物种子

 乔木稀树草原

 集群

亦称纹胸雀织鸟、纹胸织布鸟、纹胸织雀。

喉及下体白色，眉纹白色，顶冠黑色，耳羽、头后至背棕褐色，腰白色。翼覆羽及飞羽黑色，翼覆羽具两白斑。

仅分布于非洲。东非地区主要分布于乌干达北部、坦桑尼亚东部及肯尼亚。

肯尼亚织雀
kěn ní yà zhī què

Plocepasser donaldsoni
Donaldson Smith's Sparrow-weaver

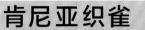

LC

 平均 17 厘米

以草籽及昆虫为主要食物

半干旱地区的灌丛、开阔林地等

集小群

亦称肯尼亚雀织鸟、肯尼亚织布鸟、肯尼亚织布雀。

颊部与喉部为淡黄褐色，之间具黑色须纹。上体棕褐色，翼羽黑色，具白色纵纹。下体黄褐色，具褐色斑点。腰白色，尾黑褐色。

仅分布于非洲东部，如肯尼亚东北部等。

363

点额编织雀 *Sporopipes frontalis*
diǎn é biān zhī què
Speckle-fronted Weaver

平均 11 厘米

以植物种子为主要食物，亦食昆虫

稀树草原、林间草地及半干旱地区灌丛

集小群

亦称黄额食籽雀。

额至顶冠具细密的黑白斑点。头后、枕部至颈侧栗棕色。上体褐色。颊至下体乳白色，具棕黑色须纹。嘴及脚褐色。虹膜黑色。

仅分布于非洲。东非地区主要分布于乌干达北部、肯尼亚西部及坦桑尼亚北部至中部。

蜡嘴织雀

là zuǐ zhī què

Amblyospiza albifrons

Grosbeak Weaver

LC

↔	平均 17 厘米
🍎	植物种子、果实及昆虫
🏠	沼泽、林缘及农田
⋮⋮⋮	集群

亦称厚嘴织布鸟、蜡嘴织布雀。

雄鸟体羽深棕色，额部具一明显的白色斑点。嘴、眼及脚黑色。雌鸟上体深棕褐色，下体白色，具纵行棕色斑点。嘴肉粉色。眼及脚黑色。初级飞羽末端白色。

仅分布于非洲。除肯尼亚东北部，广泛分布于东非大部分地区。

东非金织雀 *Ploceus subaureus*

dōng fēi jīn zhī què

Eastern Golden Weaver

LC

 平均 14 厘米

以植物种子为主要食物

潮湿林地及灌丛

集群

亦称东非金织布鸟。

体羽金黄色，头部淡橘黄色，背部及翅黄绿色。嘴较短粗，黑色。眼黑色。腿黄褐色。

仅分布于非洲。东非地区主要分布于肯尼亚东南部及坦桑尼亚东部。

黄腹织雀
huáng fù zhī què

Ploceus baglafecht
Baglafecht Weaver

LC

雄

↔	平均 15 厘米
🍎	以昆虫为主要食物，亦食植物的种子、果实和花蜜
🏠	林缘、灌丛、农田、花园及城市
▦	单独或成对

雌

　　亦称黄腹织布鸟、黄腹织布雀。

　　雄鸟头后至上体黑绿色，翼羽黑色，外缘黄色。头部及下体黄色。具黑色"眼罩"。虹膜黄色。雌鸟头部眼罩以上全为黑色，仅耳羽下侧黄色。

　　仅分布于非洲。东非地区主要分布于肯尼亚中部至西南部，坦桑尼亚东北部、西南部和西北部，以及乌干达、卢旺达和布隆迪。

眼斑织雀 *Ploceus ocularis*

yǎn bān zhī què

Spectacled Weaver

雌

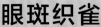

15 ~ 17 厘米

以昆虫为主要食物，亦食蜘蛛、蜈蚣、蟹及植物果实

林地、花园

单独、成对或以家庭为单位

亦称眼斑织布鸟、眼斑织布雀。

上体黄绿色，头及下体黄色。虹膜黄色。贯眼纹黑色，呈枣核形。嘴黑色，嘴形较纤细。雌雄相似，但雄鸟具较宽的黑色喉纹，雌鸟无。

仅分布于非洲。除肯尼亚东北部，坦桑尼亚西部和南部，东非地区全境可见。

斯氏织雀

sī shì zhī què

Ploceus spekei

Speke's Weaver

↔	平均 15 厘米
🍎	植物种子（包括谷物）及昆虫
🏠	稀树草原、开阔林地、灌丛、农田及人类居住地附近
⊞	集小群

亦称斯氏织布鸟、斯氏织布雀。

眼先、耳羽、颊、颏、上喉黑色，头顶及体余部黄色，翅及背具黑色斑带。嘴较厚，黑色。虹膜淡黄色。

仅分布于非洲。东非地区主要分布于肯尼亚西南部至坦桑尼亚东北部。

黑头织雀
hēi tóu zhī què

Ploceus cucullatus
Black-headed Weaver

LC

P. c. bohndorffi

↔	平均 17 厘米
🍎	以草籽及谷物为主要食物
🏠	多种陆地生境，包括人类居住地附近
▦	单独、成对或集群

亦称黑头群栖织布鸟。

亚种间具有明显的形态差异：*P. c. bohndorffi* 额、眼周、耳羽、颊、颏、喉为黑色。体余部黄色，翅及背具黑色斑带。嘴厚实，黑色，虹膜橘红色。虹膜褐色，腿褐色。*P. c. paroptus* 与 *P. c. bohndorffi* 相似，但头顶亦为黑色。

仅分布于非洲。除肯尼亚东北部，广泛分布于东非地区全境。

黑脸织雀
hēi liǎn zhǐ què

Ploceus intermedius
Lesser Masked Weaver

LC

 平均 13 厘米

以昆虫为主要食物，亦食植物种子及花

灌丛、林地及农田

集群

亦称黑脸织布鸟、黑脸织布雀。

与黑头织雀相似，但虹膜黄色，腿铅灰色。

仅分布于非洲。除肯尼亚东北部，广泛分布于东非地区全境。

织雀科的鸟类大多擅长编织鸟巢，雄性建巢之后，雌性会钻入检查，满意后方可交配繁殖。

红头编织雀
hóng tóu biān zhī què

Anaplectes rubriceps
Red-headed Weaver

LC

A. r. leuconotus 雄

雌

平均 14 厘米

以昆虫为主要食物，亦食植物种子及果实

灌丛、林地、草地及花园

单独或成对

亦称红头织布鸟、红头织布雀。

头部、背部及胸部红色，下体白色，体余部黄褐色。嘴红色，眼黑色，腿肉色。不同亚种存在差异：*A. r. rubriceps* 眼先及下嘴基部黑色，次级飞羽棕黄色；*A. r. leuconotus* 眼先、颊部及喉部黑色，次级飞羽红色；*A. r. jubaensis* 亚种除飞羽略具黑色外，周身均为红色。雌鸟上体棕褐色，下体灰白色，喉部淡棕色。

仅分布于非洲。除肯尼亚东北部及沿海地区，东非地区全境可见。

红嘴奎利亚雀 *Quelea quelea*
hóng zuǐ kuí lì yà què Red-billed Quelea

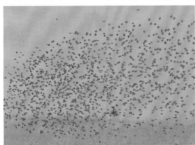

雄

- ↔ 平均 12 厘米
- 🍎 草籽、谷物及昆虫
- 🏠 半干旱的乔木稀树草原、灌丛草原及农田
- ⸬ 集大群

　　雄鸟上体黄褐色，具黑色斑纹。头部、颈部至下体黄褐色。眼先、颊部及喉部黑色。嘴红色，虹膜及脚黄褐色。雌鸟嘴黄色或红色，眼周不为黑色。

　　分布于非洲撒哈拉沙漠以南地区。除坦桑尼亚南部，东非地区全境广泛分布。全世界种群数量最多的鸟（约 100 亿只）。

黑巧织雀 *Euplectes gierowii*
hēi qiǎo zhī què Black Bishop

LC

	平均 15 厘米
	植物种子及昆虫
	湿润的高草草原及农田
	单独或成对

亦称黑寡妇鸟。

体羽黑色，枕部、上背橘黄色。臀部棕黄色，具黑色纵纹。嘴铅灰色或黑色，虹膜黑色，脚褐色。

零散地分布于非洲东部及西部。东非地区主要分布于肯尼亚西南部、坦桑尼亚东北部及乌干达南部。

黄巧织雀
huáng qiǎo zhì què

Euplectes capensis
Yellow Bishop

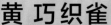

平均 15 厘米

以植物种子（特别是草籽及谷物）及昆虫为食

灌丛及农田

单独或成对

亦称黄寡妇鸟。

雄鸟体羽黑色，背部及翼覆羽明黄色，嘴铅灰色或黑色，非繁殖季似雌鸟，肩部及腰部黄色。雌鸟上体羽毛黑色，羽缘棕色。喉部及下体黄白色。胁部淡棕色，具纵行深棕色斑点。

仅分布于非洲。东非地区主要分布于肯尼亚西南部至坦桑尼亚东南部，以及乌干达西北部、卢旺达和布隆迪。

红领巧织雀 *Euplectes ardens*
hóng lǐng qiǎo zhī què
Red-cowled Widowbird

LC

↔ 12 ~ 13 厘米
雄：繁殖季（含尾长）12 ~ 17 厘米

🍎 以草籽为主要食物，亦食浆果、花蜜及小型昆虫

🏠 高草草地、灌丛及稻田

▦ 单独或集群

亦称红领寡妇鸟。

雄鸟体羽黑色，尾长可达体长一半，顶冠经耳羽至喉部具红色条带，或仅喉部红色条带，翼羽具棕黄色斑纹。嘴、眼及脚黑色。雌鸟上体黄褐色，下体淡黄色，腹部及臀部白色。

仅分布于非洲东部。东非地区主要分布于肯尼亚西南部及坦桑尼亚东北部。

长尾巧织雀
Euplectes progne
Long-tailed Widowbird

cháng wěi qiǎo zhī què

LC

雄

雌

↔ 雄：19 ~ 21 厘米，
繁殖季（含尾长）
50 ~ 71 厘米
雌：平均 15 厘米

以草籽为主要食物，
亦食节肢动物

稀树草原

单独或成对

亦称长尾寡妇鸟。

雄鸟体羽黑色，小覆羽红色，中覆羽黄色。嘴及腿铅灰色。虹膜黑色。雌鸟体羽棕褐色，具黑色斑纹。小覆羽红色，中覆羽黄色。腹部及臀部淡黄色。

仅分布于非洲。东非地区仅分布于肯尼亚西南部。

扇尾巧织雀
shàn wěi qiǎo zhī què

Euplectes axillaris
Fan-tailed Widowbird

LC

左雄，右雌

⬌	平均 15 厘米
🍎	以草籽为主要食物，亦食昆虫
🏠	高草草地、灌丛及农田
⬛	集小群

亦称扇尾寡妇鸟。

雄鸟体羽黑色，仅小覆羽红色，中覆羽橘黄色。嘴铅灰色，眼黑色，脚深灰色。雌鸟上体黄褐色，下体黄白色。胸部及胁部淡黄色，具淡棕色纵斑。

仅分布于非洲。零散地分布于东非地区。

杰氏巧织雀
jié shì qiǎo zhī què

Euplectes jacksoni
Jackson's Widowbird

⬌	平均 14 厘米（含尾长平均 30 厘米）
🍎	以草籽为主要食物，亦食昆虫
🏠	平坦开阔的高草草地
⦂⦂	单独或集群

亦称杰氏寡妇鸟、杰克逊氏寡妇鸟。

雄鸟体羽黑色，尾长超过身长，翼羽具大块的黄棕斑纹。嘴铅灰色。眼及脚黑色。雌鸟与扇尾巧织雀相似，但颜色较淡。

仅分布于非洲。东非地区仅分布于肯尼亚西南部及坦桑尼亚东北部。

环喉雀 *Amadina fasciata*
huán hóu què
Cut-throat Finch

LC

⟷	平均 10 厘米
🍎	草籽及白蚁等昆虫
🏠	半干旱地区的灌丛、草原及农田
⊞	集群

　　上体棕褐色，具深棕色横斑。胁部褐色，具棕色横斑。下体淡褐色。雄鸟脸颊至喉部具一宽阔的红色半喉环，雌鸟无此特征。嘴及腿肉褐色，眼黑色。

　　仅分布于非洲。东非地区主要分布于肯尼亚及坦桑尼亚。

红嘴火雀
hóng zuǐ huǒ què

Lagonosticta senegala
Red-billed Firefinch

LC

雄

- 平均 10 厘米
- 1～2 毫米的小型草籽
- 除茂密的林地外，常见于各种生境
- 单独、成对或集小群

雌

头部、胸部、胁部及腰部红色，胸侧具白色斑点。枕部至上体棕褐色，下腹至臀淡棕色，尾羽红棕色。雌鸟上体棕褐色，下体淡棕色，胸侧具白色斑点，眼先及腰部红色。

仅分布于非洲。除肯尼亚东北部，东非地区全境可见。

红颊蓝饰雀 *Uraeginthus bengalus*

hóng jiá lán shì què

Red-cheeked Cordon-bleu

LC

雄

雌

↔ 12～13厘米

🍎 草籽、谷物、白蚁等

🏠 灌丛、草地、林地、农田及花园

⸬ 单独或成对

　　顶冠、颈部至上体棕黄色，下体淡蓝色，腹至臀淡棕黄色。嘴和脚肉粉色，眼黑色。雄鸟颊部具一红斑，雌鸟无。

　　仅分布于非洲。除肯尼亚东北部和坦桑尼亚东南部，广泛分布于东非大部分地区。

紫蓝饰雀
zǐ lán shì què

Uraeginthus ianthinogaster

Purple Grenadier

LC

 平均 13 厘米

草籽及白蚁

开阔的林地、灌丛及农田

单独或成对

　　头至上胸棕黄色，上体栗棕色，下体蓝紫色。眼周至嘴基蓝紫色，眼棕色，眼圈和贯眼纹橘红色。嘴橘红色。腿黑色。

　　仅分布于非洲东部，如肯尼亚西南部至坦桑尼亚南部等。

普通梅花雀
pǔ tōng méi huā què
Estrilda astrild
Common Waxbill

LC

 平均 10 厘米

草籽及小型昆虫

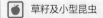 林地、灌丛、草原及半荒漠地区

集小群至大群

亦称横斑梅花雀、梅花雀。

顶冠至上体棕褐色，喉部、颊部及耳羽白色，下体淡褐色，胁部具棕褐色横纹，腹中线淡红色，臀黑色。嘴红色，眼黑色，具红色贯眼纹。腿黑灰色。

仅分布于非洲。除肯尼亚东北部，东非地区全境可见。

黑脸梅花雀 *Estrilda erythronotos*
hēi liǎn méi huā què
Black-faced Waxbill, Black-cheeked Waxbill

LC

 平均10厘米

以草籽为主要食物，亦食小型昆虫及花蜜

灌丛、河边林地及农田

集小群

亦称黑颊梅花雀。

头及下体淡灰色，具一黑色"眼罩"，延展至颊部。上体灰褐色，翼羽具黑白相间的条纹。腹部及腰部红色，臀及尾羽黑色。嘴及脚铅灰色，虹膜黑褐色。

仅分布于非洲。东非地区主要分布于肯尼亚西南部及坦桑尼亚中北部。

铜色文鸟
tóng sè wén niǎo

Spermestes cucullata
Bronze Mannikin

LC

平均9厘米

草籽

除沙漠、森林内部之外的所有生境

集群

亦称古铜色文鸟。

头部至上胸紫黑色，枕部及上体棕色；下体白色，胁部具绿色横纹。嘴铅灰色，眼和腿黑色。

仅分布于非洲。除肯尼亚东北部，东非地区全境可见。

靛蓝维达雀 *Vidua chalybeata*
diàn lán wéi dá què
Village Indigobird

 10 ~ 11 厘米

🍎 草籽

🏠 灌丛、高草草地及花园等

▦ 集群

亦称靛蓝维达鸟。

雄鸟体羽靛蓝色、蓝紫色或蓝黑色，略具金属光泽。嘴红色或铅灰色（因亚种而异）。虹膜棕黑色。脚红色。

仅分布于非洲。除乌干达北部及肯尼亚北部、东部，东非地区全境可见。

针尾维达雀

zhēn wěi wéi dá què

Vidua macroura

Pin-tailed Whydah

LC

11 ~ 12 厘米
雄：繁殖季尾长 30 ~ 32 厘米

草籽、谷物及白蚁

开阔的灌丛、沼泽、农田及花园

单独或集群

亦称针尾维达鸟。

额部、顶冠及枕部黑色，颊、喉及颈侧白色。上体黑色，腰白色，具黑色斑纹，小覆羽及中覆羽白色。下体白色。尾羽黑色，较长。嘴短而粗壮，红色。眼黑色。脚铅灰色。

仅分布于非洲。除肯尼亚东北部，东非地区全境可见。

天堂维达雀 *Vidua paradisaea*
tiān táng wéi dá què
Long-tailed Paradise-whydah

LC

 13 ~ 14 厘米
雄：繁殖季尾长 23 ~ 25 厘米

草籽，雏鸟亦食昆虫

半干旱地区的草地及灌丛

单独或成对

亦称乐园维达雀、乐园维达鸟。

头部及胸中部黑色，颊部至枕部黄色，胸侧棕色，上体黑色，下体米白色。在繁殖季，雄鸟的黑色尾羽宽而长。

仅分布于非洲。东非地区主要分布于乌干达东北部、肯尼亚及坦桑尼亚大部。

黄鹡鸰 *Motacilla flava*
huáng jí líng   Western Yellow Wagtail

LC

- ↔ 平均 16.5 厘米
- 陆生和水生无脊椎动物及植物种子
- 近水的草地、沼泽、农田等
- 单独或集群

    上体橄榄绿色，翼覆羽黑色，羽缘黄白色，头部灰黑色，眉纹白色，喉部及下体黄色。嘴、虹膜及腿黑色。

    越冬于非洲及南亚次大陆，繁殖于欧洲至亚洲西北部。东非地区全境可见（越冬地）。

非洲斑鹡鸰

fēi zhōu bān jí líng

Motacilla aguimp

African Pied Wagtail

↔	平均 20 厘米
🍎	以小型陆生和水生昆虫为主要食物
🏠	常见于河流、湖泊边，以及潮湿地区的农田、村庄、屋顶及花园内
▦	单独或成对

体黑白相间：额眉纹、喉、下体及翼下缘白色，顶冠、贯眼纹、胸带、上体及尾黑色。嘴、眼及虹膜黑色。

仅分布于非洲。除肯尼亚东北部，东非地区全境可见。

黄喉长爪鹡鸰
huáng hóu cháng zhuǎ jí líng

Macronyx croceus
Yellow-throated Longclaw

LC

 20～22 厘米

 昆虫及其他无脊椎动物

 干旱地区的草地、开阔的农田，常远离水源

▦ 单独或成对

　　上体黄褐色，具深褐色斑纹。颏、喉部和下体黄色，须纹至胸带黑色，眉纹黄色。嘴和虹膜黑色。

　　仅分布于非洲。东非地区主要分布于乌干达、卢旺达、布隆迪全境，肯尼亚西南部和东南部，以及桑尼亚西北部和东南部。

橘红长爪鹡鸰
jú hóng cháng zhuǎ jí líng

Macronyx aurantiigula
Pangani Longclaw

LC

↔ 19 ~ 20 厘米

🍎 昆虫

🏠 干旱的灌丛及矮草草地

▦ 单独

　　与黄喉长爪鹡鸰相似，但喉部为橘黄色，眉纹灰白色，无黑色须纹和胸带。
　　仅分布于非洲。东非地区主要分布于肯尼亚东南部和坦桑尼亚东北部。

硫黄丝雀
liú huáng sī què

Crithagra sulphurata
Brimstone Canary

LC

↔	平均 14 厘米
🍎	植物种子、果实、叶片，以及白蚁
🏠	林间草地、潮湿灌丛及农田
⬛	单独或成对

亦称硫黄色丝雀。

上体、额部、头顶、耳羽和须纹黄绿色。下体硫黄色。飞羽棕黑色，羽缘硫黄色。眉纹硫黄色，眼黑色，脚肉色。嘴厚重，肉色。

仅分布于非洲。东非地区主要分布于肯尼亚西南部、坦桑尼亚西南部、乌干达南部，以及卢旺达和布隆迪。

条纹丝雀 *Crithagra striolata*

tiáo wén sī què Streaky Seedeater LC

 13～15厘米

植物种子

林缘、花园及农田

单独或成对

　　上体、额部、头顶和枕部棕褐色，具黑色条纹。下体灰白色，具棕褐色条纹。头部棕褐色，具乳白色眉纹。颊部乳白色，喉部白色。

　　仅分布于非洲东部，如肯尼亚西南部，坦桑尼亚东北部和西南部，乌干达西南部，以及卢旺达和布隆迪。

白腹丝雀 *Serinus dorsostriata*
bái fù sī què White-bellied Canary

雄

雌

平均 11 厘米

植物种子

干旱灌丛

单独

与硫黄丝雀相似，但腹部和臀部白色，整体呈暗淡的黄绿色。

仅分布于非洲东部，如乌干达东部，肯尼亚北部、中部及西部，以及坦桑尼亚北部等。

爬行纲和两栖纲

REPTILIA & AMPHIBIA

　　本书将爬行纲与两栖纲合并在一个章节内介绍。爬行纲（Reptilia），俗称爬行动物、爬行类、爬虫类。在演化史上，它们与鸟类、哺乳类统称为羊膜动物。爬行类在脊椎动物中最先出现了羊膜卵，从此它们不必依赖水而繁殖，确保了生物登陆的成功。所有爬行动物都有角质化的皮肤，所以它们都有鳞片或骨板，皮肤干燥无腺体，无呼吸作用。无变态发育过程。现生的爬行动物总计有6目86科1199属10970种，其中东非的爬行动物约有492种。两栖纲（Amphibia），俗称两栖动物、两栖类。除南极洲、一些海洋性岛屿及极端环境外，它们几乎遍布全球。两栖动物的皮肤裸露，分泌腺众多。其个体发育周期有一个变态过程，即生活于水中以鳃呼吸的幼体，在短期内完成变态，成为能营陆地生活、以肺呼吸的成体。现生的两栖动物总计有3目75科400余属8047种，其中东非的两栖动物约有205种。

尼罗鳄

ní luó è

Crocodylus niloticus

Nile Crocodile

LC 附录 I

↔	体长：3.5 ~ 6.1 米 体重：225 ~ 750 千克
🍎	以哺乳动物、鸟类、两栖动物、爬行动物及鱼类为主要食物，亦食无脊椎动物
🏠	淡水或咸水的河流、湖泊、沼泽和三角洲等

　　体形粗长，吻部较宽。周身遍布规则的鳞片，背侧及尾侧鳞片具向上突起的脊。身体黄绿色或黑绿色，具稀疏的黑色斑点。

　　广泛分布于非洲撒哈拉以南地区。东非地区全境可见。

　　尼罗鳄是整个非洲体形最大的爬行动物，也是非洲最大的水生捕食者。

豹龟
bào guī

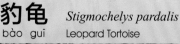

Stigmochelys pardalis
Leopard Tortoise

⬌	体长：40 ~ 68 厘米 体重：平均 13 千克
🍎	以多种植物为主要食物，特别是肉质植物，亦食动物骨骼及粪便
🏠	稀树草原、灌丛

　　背甲中部隆起，四周竖直。甲片具黄色、黑色环纹或斑点，深浅相套，形似豹纹。四肢柱状，短粗而强健，前肢具五爪，后肢具四爪。头部子弹形，上嘴端部具向下的弯钩。

　　分布于非洲东部至南部地区。东非地区全境可见。

诺氏侧颈龟
nuò shì cè jǐng guī

Pelomedusa neumanni
Neumann's Marsh Terrapin

LC

↔ 15～25 厘米

🍎 昆虫及软体动物等

🏠 河流、湖泊、沼泽

　　躯体扁。背甲呈卵圆形，黄褐色。头大而颈细，不能缩回，鼻吻部明显。肢端扁平，指端具爪。

　　仅分布于非洲。东非地区全境可见。

　　沼泽侧颈龟属（*Pelomedusa*）的种类通常索食性强，食量较大；也较为高产，每窝产卵 10~15 枚。在旱季有蛰伏或冬眠、夏眠的习性。

非洲侧颈龟
fēi zhōu cè jǐng guī

Pelusios sp.
African Side-necked Turtles

 12 ~ 46 厘米

昆虫及软体动物等

永久水源或季节性河流、湖泊

　　非洲侧颈龟属共有 17 个物种，其中东非可见 10 种，主要鉴别特征为胸甲铰合方式的差异。背甲呈卵圆形，色深。四肢粗壮，趾间具蹼，爪短，指端具爪，蹼小。

　　广泛分布于非洲撒哈拉以南地区（含马达加斯加）。东非地区全境可见。

　　旱季时，可将身体埋入泥中夏眠。

　　本页两图具体种未定。

姆万扎平头鬣蜥

mǔ wàn zā píng tóu liè xī

Agama mwanzae

LC 附录 II

Mwanza Flat-headed Agama

 20 ~ 30 厘米

 以昆虫为主要食物

 稀树草原上的多石生境

亦称普通鬣蜥、红蓝鬣蜥。

躯体扁而瘦长，尾细长，颈部细，头呈三角形，耳孔明显。雄性头、颈至后肢基部红色，后趾至腰部、尾部蓝色。雌性身体褐色，周身具淡褐色斑点。

仅分布于非洲东部，如维多利亚湖东南部、南部及西南部。

非洲条纹石龙子 *Trachylepis striata*

fēi zhōu tiáo wén shí lóng zǐ

African Striped Skink

LC

- 平均 25 厘米
- 昆虫
- 花园及其他开阔的多石生境

　　躯体粗壮，尾细长，头颈较粗，吻部钝短。身体棕黄色，从头部起，身体两侧各具一淡黄色的长纵纹，腹面淡棕色。

　　分布于非洲南部至非洲之角。东非地区主要分布于肯尼亚。

非洲壁虎
fēi zhōu bì hǔ

Hemidactylus mabouia
Tropical House Gecko

⟷ 平均 12.7 厘米

🍎 以节肢动物为主要食物，
包括蜘蛛、蝎

🏠 人类居所附近，如城镇

亦称非洲家壁虎、热带壁虎、热带家壁虎。

躯体敦实，中部略突。头大，颈细。吻部短，较尖。眼大，虹膜黑色。尾从基部起逐渐变细。体色依环境呈现出轻微变化，从淡棕色至深棕色。周身具短的黑色横纹。

分布于非洲撒哈拉以南大部分地区。除肯尼亚东北部和坦桑尼亚西南部，东非地区全境可见。

肯尼亚侏儒壁虎
kěn ní yà zhū rú bì hǔ

Lygodactylus keniensis
Kenya Dwarf Gecko

 6 ~ 8 厘米

昆虫

干旱的稀树草原及半荒漠地区

　　身体乳白色或黄色，具不规则的黑褐色斑点或条纹，具黑色贯眼纹，下颌具一黑色环状纹。

　　分布于非洲东部。东非地区主要分布于肯尼亚北部和西部，以及乌干达东部。

尼罗巨蜥 *Varanus niloticus*
ní luó jù xī   Nile Monitor

 120 ~ 244 厘米

 鱼类、小型鸟类、小型哺乳动物及其他两栖动物、爬行动物

河边、沼泽及其他湿地生境

　　体形敦实，背黑绿色，具黄绿色的斑点或细的横纹状。腹黄绿色，具黑绿色斑点或细的横纹。尾粗壮，黑绿色与黄绿色相间，形成宽的环带。

　　分布于非洲撒哈拉以南大部分地区及尼罗河流域。东非地区全境可见。

　　本种倾向于占据有水或近水的生态位。在各种有水的区域内常可见本种，头部细长、身体流线型，利于水中生活。

非洲巨蜥 *Varanus albigularis*

fēi zhōu jù xī

Rock Monitor

LC 附录 II

132 ~ 190 厘米

无脊椎动物、小型脊椎动物，包括蠕虫、昆虫、小型哺乳动物，以及其他蜥蜴和蜥蜴卵、小型鸟类和鸟卵等

稀树草原、沿海灌丛、林地及半荒漠地区

亦称岩巨蜥。

与尼罗巨蜥相似，但头形更方，吻部更钝，鼻孔更大。

广泛分布于非洲撒哈拉以南大部分地区。东非地区主要分布于乌干达东部，肯尼亚西北部、东北部和东南部，坦桑尼亚中南部。

本种倾向于较为干旱，甚至周围无水的生态位；与尼罗巨蜥有明显的生态位分化。该种的头部更为粗壮，身体肥胖，最大体长纪录可达190厘米。

非洲岩蟒 *Python sebae*
fēi zhōu yán mǎng
African Rock Python

NT 附录 II

孵化时体长 60 ～ 70 厘米，成年后体长最长可达 7 米

以中型脊椎动物为主要食物，包括疣猪、羚羊、巨蜥、灵长动物及家畜等

林地、灌丛、稀树草原、多石地带及半荒漠地区

非洲体形最大的无毒蛇类。躯体粗壮，头尾略尖。身体呈黄褐色，具大块的黑褐色斑纹。腹部黄褐色，具黑褐色斑点。

广泛分布于非洲的撒哈拉以南地区。东非地区全境可见。

巴氏灌栖蛇 *Philothamnus battersbyi*
bā shì guàn qī shé
Battersby's Green Snake

 50 ~ 80 厘米

以蛙、鱼为主要食物

稀树草原及林地，通常临近水源

俗称非洲绿蛇。

体形细长，身体翠绿色，背部鳞片间略具黑色。眼大，虹膜棕黄色，瞳孔圆形、黑色。

广泛分布于非洲东部。东非地区主要分布于乌干达南部、肯尼亚西部和南部，以及坦桑尼亚北部和东北部。

非洲爪蟾 *Xenopus* sp.

fēi zhōu zhǎo chán
African Clawed Frog

LC

↔ 5～10 厘米

昆虫、软体动物等

淡水溪流

　　非洲爪蟾属的物种体色较深，头部扁平，眼小而位于头前部。指端具爪，趾间具蹼。

　　广泛分布于非洲撒哈拉以南地区。东非地区全境可见。

　　本页图具体种未定。

　　该类群完全水栖，蝌蚪和成蛙均依赖水体生活，白天多藏于水下较深处，夜晚会爬上浅滩。

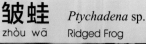

皱蛙
zhòu wā

Ptychadena sp.

Ridged Frog

 5～6厘米

昆虫、软体动物等

淡水溪流

　　皱蛙属的物种身体呈黄绿色或黄褐色，背部纵行褶皱 6 条或更多，鼻吻部尖，后肢较长。

　　广泛分布于非洲撒哈拉以南地区（含马达加斯加）。东非地区全境可见。

　　本页图具体种未定。

　　该类群依赖水体生活。

主要参考文献

[1] 谭邦杰，1992，哺乳动物分类名录，北京：中国医药科技出版社。

[2] 汪松、解焱、王家骏，2001，世界哺乳动物名典（拉汉英），长沙：湖南教育出版社。

[3] 赵尔宓、江跃明、黄庆云、胡淑琴、费梁、叶昌媛，1993，拉汉英两栖爬行动物名称，北京：科学出版社。

[4] 郑光美（主编），2002，世界鸟类分类与分布名录，北京：科学出版社。

[5] 郑作新（主编），1986，世界鸟类名称（拉丁文、汉文、英文对照），北京：科学出版社。

[6] 郑作新（主编），2002，世界鸟类名称（拉丁文、汉文、英文对照）第二版，北京：科学出版社。

[7] Billerman, S. M., B. K. Keeney, P. G. Rodewald & T. S. Schulenberg (Eds). 2018. Birds of the World. Cornell Laboratory of Ornithology, Ithaca, NY, USA. https://birdsoftheworld.org/bow/home.

[8] Castello, J. R.. 2016. Princeton Field Guides: Bovids of the World: Antelopes, Gazelles, Cattle, Goats, Sheep, and Relatives. Princeton University Press, Princeton.

[9] Gill, F. & D. Donsker (Eds). 2018. IOC World Bird List (v8.2). doi: 10.14344/IOC.ML.8.2. https://www.worldbirdnames.org.

[10] Groves, C. P., P. Fernando & J. Robovsky. 2010. The sixth rhino: a taxonomic re-assessment of the Critically Endangered Northern White Rhinoceros. PLoS ONE 5(4): e9703. doi:10.1371/journal.pone.0009703.

[11] IUCN. 2021. The IUCN Red List of Threatened Species. Version 2021-1. https://www.iucnredlist.org.

[12] Kingdon, J.. 2012. Kingdon Field Guide to African Mammals. Bloomsbury Publishing, London.

[13] Kingdon, J., D. Happold, T. Butynski, M. Hoffmann, M. Happold

& J. Kalina (Eds). 2013. Mammals of Africa (6 vols). Bloomsbury Publishing, London.

[14] Myers, P., R. Espinosa, C. S. Parr, T. Jones, G. S. Hammond & T. A. Dewey. 2021. The Animal Diversity Web. https://animaldiversity.org.

[15] Petter, J.-J.. 2013. Primates of the World: An Illustrated Guide. Princeton University Press, Princeton.

[16] Spawls, S. K., K. Howell & R. C. Drewes. 2006. Princeton Pocket Guides: Reptiles and Amphibians of East Africa, Illustrated. Princeton University Press, Princeton.

[17] Spawls, S., K. Howell, H. Hinkel, et al.. 2018. Field Guide to East African Reptiles. Bloomsbury Publishing, London.

[18] Stevenson, T. & J. Fanshawe. 2006. The Birds of East Africa: Kenya, Tanzania, Uganda, Rwanda, Burundi. Princeton University Press, Princeton.

[19] Wilson, D. E. & D. M. Reeder (Eds). 2005. Mammal Species of the World: A Taxonomic and Geographic Reference. (3rd edition). Johns Hopkins University Press, Baltimore & London.

[20] Wilson, D. E., R. A. Mittermeier & T. E. Lacher (Eds). 2009-2020. Handbook of the Mammals of the World (9 vols). Lynx Edicions, Barcelona, Spain.

拉丁名（学名）索引

中文名索引

英文名索引

A

B

跋

吴海峰

2020 年 1 月最后一次东非之行后，我曾无数次梦到这样的场景：我坐在机舱左侧靠窗位置，紧盯窗外。飞机由东向西飞越印度洋与非洲大陆的分界线之后，空中星光依旧，地面一片茫然，向远方望去，从平缓如幕的云朵中钻出一座山峰——乞力马扎罗山。背后微熙的日光慢慢点亮，把山顶从漆黑涂抹成橘红。飞机慢慢右转，朝着北方飞去，我挥手与大山暂时作别。航行高度逐渐降低，远方内罗毕的灯火逐渐清晰，而脚下则是内罗毕国家公园。几分钟后，飞机平稳地降落在焦莫·肯亚塔国际机场。梦醒。

从 2014 年，本书的合著者张劲硕博士和我决定一起写这本《东非野生动物手册》开始，到 2021 年付梓，刚好 7 年。这 7 年间，我们在非洲共同经历了许多美妙的时刻，"雪山大象"是其中最为震撼的。在肯尼亚的安博塞利，远景是坦桑尼亚境内海拔 5895 米的乞力马扎罗山，中景是山脚下的森林和灌丛，近景是非洲草原象，偶尔还会有成群的牛背鹭飞过。这些象的体形比加长版 7 座越野车还要大一圈儿。推开越野车的顶棚站在座位上，我们注视象群从面前走过的时候，不但能感受到大地的震动，还能感受到象耳朵扇动的风，甚至能看清象的睫毛。眼前的象不是 1 头，而是 500 多头，这可比纪录片里的场景震撼多了。

我们感叹人类的渺小，也感叹自己的无知。在肯尼亚的桑布鲁，越野车绕过灌丛，豹以一种难以名状的姿势停歇在大树的横枝上，是坐是趴也是卧，除扭过头看了我一眼，其他时候都在眺望远方。灌丛中传来窸窸窣窣的声响，大地逐渐开始颤抖，一头非洲草原象从灌丛中露出脊背，时隐时现。谁也没想到豹和象竟然能如此接近，没人在乎象是什么时候钻进去的，也没人关心它为什么钻出来，旁人一直在问我树下的象和树上的豹会产生怎样的互动：象会撞树

438

把豹赶下来？还是豹会跳到象身上攻击它？象挪蹭着脚往前走，边走边用象鼻左左右右地从灌丛上卷起枝叶大口咀嚼，没有抬头看一眼豹。而豹也只是目不转睛地望向远方，没有低头看一眼象。10 分钟后，象消失在灌丛深处，而豹依旧是最初的姿势，眺望远方。

我把这令人匪夷所思的场景选作封面，时刻提醒我俩和读者，世界还有太多未知，别人口中说出的和你看到某个画面推测的，并不一定是这个世界真实的样子。了解自然的第一步是分门别类地认清故事的主人公，了解非洲动物的第一步则是认识本书中收录的 383 个物种。

此外，细心的读者会发现本书英文名为 *ZW Field Guide to the Wildlife of East Africa*，之所以加"ZW"有几点考虑：首先，欧美国家已经出版过同名或近似名之书，我们希望加以甄别；其次，"ZW"是"中文"两字首字母，体现这是一本中文书；再次，"ZW"亦为我们的姓氏张和吴的首字母，或是一个可期的合作肇始，希冀我们有系列的野外手册推出。总之，有一定辨识度的书名利于非洲本地读者或其他国外读者区分和使用。

我不知道下次非洲之行何时到来，对我俩而言，翻看此书是对过去 7 年的纪念，对读者而言，则或许是对未来的期待。

于《中国国家地理》杂志社

2021 年 2 月 7 日

图片版权说明

本书图片版权归图片作者所有，其中照片由吴海峰、张劲硕，以及赵超、何鑫、孙忻、贾亦飞、吴绍同、范洪敏、汤鹏翔、卓强（星巴）和关翔宇拍摄，第 19 页手绘图由刘东绘制。照片作者明细如下。

吴海峰、张劲硕共 488 张。

赵超 23 张：第 39 页上，第 53 页，第 67 页，第 69 页上，第 87 页，第 88 页，第 89 页，第 90 页，第 91 页，第 92 页，第 93 页，第 97 页，第 98 页，第 99 页，第 100 页，第 104 页，第 114 页，第 141 页，第 160 页，第 282 页上，第 282 页下，第 310 页，第 363 页。

何鑫 9 张：第 256 页，第 265 页，第 297 页，第 313 页，第 325 页，第 331 页，第 346 页，第 350 页上，第 350 页下。

孙忻 6 张：第 38 页，第 42 页，第 56 页下，第 103 页，第 222 页，第 244 页。

贾亦飞 2 张：第 111 页，第 115 页。

吴绍同 1 张：第 191 页。

范洪敏 1 张：第 368 页。

汤鹏翔 1 张：第 237 页。

卓强（星巴）1 张：第 28 页。

关翔宇 1 张：第 35 页。

正文 22 页标 ※ 的东非大裂谷地图来自《世界国家地理地图》，中国大百科全书出版社，第 2 版，2018：385。审图号：GS（2017）2958 号。